投考公務員
題解 EASY PASS
中文運用

袁穎音、黃樂怡、
林皓賢、陳慧中 著

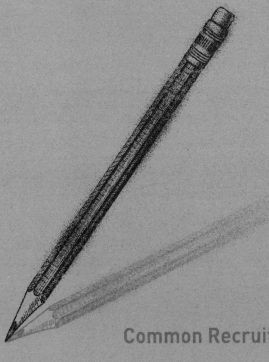

Common Recruitment Examination

序

　　全球化的大勢下，社會急遽轉變，為政府帶來不少管治上的挑戰。為此，政府部門對於公務員的入職要求也愈來愈高。每年有志投考政府各部門公務員職位的人士眾多，故有志進身公務員體系的應考者更需要積極裝備自己，以獲取佳績。

　　公務員綜合招聘考試（Common Recruitment Examination-CRE）是投考學位或專業程度公務員職位的最基本測試門檻。此考試分為「中文運用」、「英文運用」、「能力傾向測試」、「基本法測試」四卷，「中文運用」與「英文運用」兩卷取得一級成績者，即符合相關職位的一般語文要求，而取得二級成績，才符合所有學位或專業程度職系的一般語文能力要求。為了幫助應考者作充足的準備，以奪取佳「職」，文化會社特別出版了一系列「投考公務員全攻略」，以助應考者熟習考試模式。

「投考公務員全攻略」一直深受好評，本書承接《中文運用解題天書》、《中文運用精讀王》等系列，重新設計試題庫，並詳盡分析「中文運用」四大部分的題型，力求貼近公務員綜合招聘考試的出題方法。本作者團隊更撰寫四大部分的答題攻略，以助應考者更以短時間找出正確的答案。

　　在此亦要答謝文化會社總編與各工作人員，負責出版上各種繁瑣的工序，讓本書得以面世。期望本書能幫助各應考者，順利通過考試，獲取佳職，開創錦繡前程。

袁穎音、黃樂怡、林皓賢、陳慧中

CONTENT 目錄

序言   2

PART I　CRE淺談

公務員綜合招聘考試須知   6

綜合招聘考試與公務員招聘   10

公務員職系要求一覽   12

PART II　試題精讀庫

中文運用應試攻略篇   16

1. 閱讀理解攻略   18

   (I) 文章閱讀   18

   (II) 語段閱讀   25

2. 字詞辨識攻略   61

3. 句子辨析攻略   86

4. 詞句運用攻略   98

PART III　模擬測驗

模擬測驗（一）   118

模擬測驗（二）   147

模擬測驗（三）   176

PART IV　考生常見疑問   205

PART I CRE淺談

公務員綜合招聘考試須知

綜合招聘考試(Common Recruitment Examination, 簡稱CRE)包括三張各為45分鐘的多項選擇題試卷，分別是：

1) 英文運用

2) 中文運用

3) 能力傾向測試

目的是評核考生的英、中語文能力及推理能力。英文運用及中文運用試卷的成績分為二級、一級或不及格，並以二級為最高等級；而能力傾向測試的成績則分為及格或不及格。英文運用及中文運用試卷的二級及一級成績和能力傾向測試的及格成績永久有效。

基本法測試

基本法測試是一張設有中英文版本的選擇題形式試卷，目的是測試考生的《基本法》知識。全卷共15題，考生須於20分鐘內完成。基本法測試並無設定及格分數，滿分為100分。

CRE形式

試卷的試題類型及題目數量如下：

試卷 (多項選擇題)	題目數量	時間	試題類型
中文運用	45	45分鐘	閱讀理解 字詞辨識 句子辨析 詞句運用
英文運用 Use of English	40	45分鐘	Comprehension Error Identification Sentence Completion Paragraph Improvement
能力傾向測試	35	45分鐘	演繹推理 Verbal Reasoning(English) Numerical Reasoning Data Sufficiency Test Interpretation of Tables and Graphs

公開試成績與轄免

香港中學文憑考試英國語文科第5級或以上成績，會獲接納為等同綜合招聘考試英文運用試卷的二級成績。香港中學文憑考試中國語文科第5級或以上成績會獲接納為等同綜合招聘考試中

文運用試卷的二級成績。持有上述成績的申請人，將不會被安排應考英文運用及／或中文運用試卷。

香港高級程度會考英語運用科或General Certificate of Education (Advanced Level) (GCE A Level) English Language科C級或以上成績，會獲接納為等同綜合招聘考試英文運用試卷的二級成績。香港高級程度會考中國語文及文化、中國語言文學或中國語文科C級或以上成績會獲接納為等同綜合招聘考試中文運用試卷的二級成績。持有上述成績的申請人，將不會被安排應考英文運用及/或中文運用試卷。

因應職位要求而報考

香港中學文憑考試英國語文科第4級成績，會獲接納為等同綜合招聘考試英文運用試卷的一級成績。香港中學文憑考試中國語文科第4級成績會獲接納為等同綜合招聘考試中文運用試卷的一級成績。持有上述成績的申請人，可因應有意投考的公務員職位的要求，決定是否需要報考英文運用及／或中文運用試卷。

香港高級程度會考英語運用科或GCE A Level English Language科D級成績，會獲接納為等同綜合招聘考試英文運用試卷的一級成績。香港高級程度會考中國語文及文化、中國語言文學或中國語文科D級成績會獲接納為等同綜合招聘考試中文運用試卷的一級成績。持有上述成績的申請人，可因應有意投考的公務員職位的要求，決定是否需要報考英文運用及/或中文運用試卷。

在International English Language Testing System (IELTS)學術模式整體分級取得6.5或以上，並在同一次考試中各項個別分級取得不低於6的人士，在考試成績的兩年有效期內，其IELTS成績可獲接納為等同綜合招聘考試英文運用試卷的二級成績。持有上述成績的申請人，可據此決定是否需要報考英文運用試卷。

綜合招聘考試與公務員招聘

　　一般來説，應徵學位或專業程度公務員職位的人士，需在綜合招聘考試的英文運用及中文運用兩張試卷取得二級或一級成績，以符合有關職位的語文能力要求。個別招聘部門/職系會於招聘廣告中列明有關職位在英文運用及中文運用試卷所需的成績。在英文運用及中文運用試卷取得二級成績的應徵者，會被視為已符合所有學位或專業程度職系的一般語文能力要求。部分學位或專業程度公務員職位要求應徵者除具備英文運用及中文運用試卷的所需成績外，亦須在能力傾向測試中取得及格成績。

　　部分公務員職系（如紀律部隊職系）會按受聘者的學歷給予不同的入職起薪點。未具備所需的綜合招聘考試成績的學位持有人仍可申請這些職位，但不能獲得學位持有人的起薪點。

　　除非有關招聘廣告另有訂明，有意投考學位或專業程度公務員職位的人士，應先取得所需的綜合招聘考試成績。申請人可報考全部、任何一張或任何組合的試卷。申請人應先確定擬投考職位的要求及被接納為等同綜合招聘考試成績的其他考試成績，以決定所需報考的試卷。

綜合招聘考試與公務員職位的招聘程序是分開進行的。有意投考公務員職位的人士，應直接向招聘部門/職系提交職位申請。取得所需的綜合招聘考試成績並不代表考生已完全符合任何學位或專業程度公務員職位的入職要求。招聘部門/職系會核實職位申請人的學歷及/或專業資格，並可能在綜合招聘考試外，另設其他考試/面試。

基本法測試與公務員招聘

為提高大眾對《基本法》的認知和在社區推廣學習《基本法》的風氣，當局會測試應徵公務員職位人士的《基本法》知識。基本法測試的成績會用作評核應徵者整體表現的其中一個考慮因素。基本法測試的成績永久有效。考生可選擇再次申請參加下一輪基本法測試。

基本法測試與公務員職位的招聘是分開進行的。有意投考學位/專業程度公務員職系的應徵者，如打算參加基本法測試，應留意公務員事務局公布下次舉行基本法測試的日期。取得基本法測試成績並不代表考生已完全符合任何學位或專業程度公務員職位的入職要求。

公務員職系要求一覽

	職系	入職職級	英文運用	中文運用	能力傾向測試
1.	會計主任	二級會計主任	二級	二級	及格
2.	政務主任	政務主任	二級	二級	及格
3.	農業主任	助理農業主任 / 農業主任	一級	一級	及格
4.	系統分析 / 程序編製主任	二級系統分析 / 程序編製主任	二級	二級	及格
5.	建築師	助理建築師 / 建築師	一級	一級	及格
6.	政府檔案處主任	政府檔案處助理主任	二級	二級	-
7.	評稅主任	助理評稅主任	二級	二級	及格
8.	審計師	審計師	二級	二級	及格
9.	屋宇裝備工程師	助理屋宇裝備工程師 / 屋宇裝備工程師	一級	一級	及格
10.	屋宇測量師	助理屋宇測量師 / 屋宇測量師	一級	一級	及格
11.	製圖師	助理製圖師 / 製圖師	一級	一級	-
12.	化驗師	化驗師	一級	一級	及格
13.	臨床心理學家（衛生署、入境事務處）	臨床心理學家（衛生署、入境事務處）	一級	一級	-
14.	臨床心理學家（懲教署、香港警務處）	臨床心理學家（懲教署、香港警務處）	二級	二級	-
15.	臨床心理學家（社會福利署）	臨床心理學家（社會福利署）	二級	二級	及格
16.	法庭傳譯主任	法庭二級傳譯主任	二級	二級	及格
17.	館長	二級助理館長	二級	二級	-
18.	牙科醫生	牙科醫生	一級	一級	-
19.	營養科主任	營養科主任	一級	一級	-
20.	經濟主任	經濟主任	二級	二級	-
21.	教育主任（懲教署）	助理教育主任（懲教署）	一級	一級	-
22.	教育主任（教育局、社會福利署）	助理教育主任（教育局、社會福利署）	二級	二級	-
23.	教育主任（行政）	助理教育主任（行政）	二級	二級	-
24.	機電工程師（機電工程署）	助理機電工程師 / 機電工程師（機電工程署）	一級	一級	及格
25.	機電工程師（創新科技署）	助理機電工程師 / 機電工程師（創新科技署）	一級	一級	-
26.	電機工程師（水務署）	助理機電工程師 / 機電工程師（水務署）	一級	一級	及格
27.	電子工程師（民航署、機電工程署）	助理電子工程師 / 電子工程師（民航署、機電工程署）	一級	一級	及格
28.	電子工程師（創新科技署）	助理電子工程師 / 電子工程師（創新科技署）	一級	一級	-
	職系	入職職級	英文運用	中文運用	能力傾向測試
29.	工程師	助理工程師 / 工程師	一級	一級	及格

	職系	入職職級	英文運用	中文運用	能力傾向測試
30.	娛樂事務管理主任	娛樂事務管理主任	二級	二級	及格
31.	環境保護主任	助理環境保護主任 / 環境保護主任	二級	二級	及格
32.	產業測量師	助理產業測量師 / 產業測量師	一級	一級	-
33.	審查主任	審查主任	二級	二級	及格
34.	行政主任	二級行政主任	二級	二級	及格
35.	學術主任	學術主任	一級	一級	-
36.	漁業主任	助理漁業主任 / 漁業主任	一級	一級	及格
37.	警察福利主任	警察助理福利主任	二級	二級	-
38.	林務主任	助理林務主任 / 林務主任	一級	一級	及格
39.	土力工程師	助理土力工程師 / 土力工程師	一級	一級	及格
40.	政府律師	政府律師	二級	一級	-
41.	政府車輛事務經理	政府車輛事務經理	一級	一級	-
42.	院務主任	二級院務主任	二級	二級	及格
43.	新聞主任（美術設計）/（攝影）	助理新聞主任（美術設計）/（攝影）	一級	一級	-
44.	新聞主任（一般工作）	助理新聞主任（一般工作）	二級	二級	及格
45.	破產管理主任	二級破產管理主任	二級	二級	及格
46.	督學（學位）	助理督學（學位）	二級	二級	及格
47.	知識產權審查主任	二級知識產權審查主任	二級	二級	及格
48.	投資促進主任	投資促進主任	二級	二級	-
49.	勞工事務主任	二級助理勞工事務主任	二級	二級	及格
50.	土地測量師	助理土地測量師 / 土地測量師	一級	一級	-
51.	園境師	助理園境師 / 園境師	一級	一級	-
52.	法律翻譯主任	法律翻譯主任	二級	二級	-
53.	法律援助律師	法律援助律師	二級	一級	及格
54.	圖書館館長	圖書館助理館長	二級	二級	及格
55.	屋宇保養測量師	助理屋宇保養測量師 / 屋宇保養測量師	一級	一級	及格
56.	管理參議主任	二級管理參議主任	二級	二級	及格
57.	文化工作經理	文化工作副經理	二級	二級	及格
58.	機械工程師	助理機械工程師 / 機械工程師	一級	一級	及格
59.	醫生	醫生	一級	一級	-
60.	職業環境衞生師	助理職業環境衞生師 / 職業環境衞生師	二級	二級	及格
61.	法定語文主任	二級法定語文主任	二級	二級	
	職系	入職職級	英文運用	中文運用	能力傾向測試
62.	民航事務主任（民航行政管理）	助理民航事務主任（民航行政管理）/民航事務主任（民航行政管理）	二級	二級	及格
63.	防治蟲鼠主任	助理防治蟲鼠主任 / 防治蟲鼠主任	一級	一級	及格

64.	藥劑師	藥劑師	一級	一級	-
65.	物理學家	物理學家	一級	一級	及格
66.	規劃師	助理規劃師 / 規劃師	二級	二級	及格
67.	小學學位教師	助理小學位教師	二級	二級	-
68.	工料測量師	助理工料測量師 / 工料測量師	一級	一級	及格
69.	規管事務經理	規管事務經理	一級	一級	-
70.	科學主任	科學主任	一級	一級	-
71.	科學主任（醫務）（衞生署）	科學主任（醫務）（衞生署）	一級	一級	-
72.	科學主任（醫務）（食物環境衞生署）	科學主任（醫務）（食物環境衞生署）	一級	一級	及格
73.	管理值班工程師	管理值班工程師	一級	一級	-
74.	船舶安全主任	船舶安全主任	一級	一級	-
75.	即時傳譯主任	即時傳譯主任	二級	二級	-
76.	社會工作主任	助理社會工作主任	二級	二級	及格
77.	律師	律師	二級	一級	-
78.	專責教育主任	二級專責教育主任	二級	二級	-
79.	言語治療主任	言語治療主任	一級	一級	-
80.	統計師	統計師	二級	二級	及格
81.	結構工程師	助理結構工程師 / 結構工程師	一級	一級	及格
82.	電訊工程師（香港警務處）	助理電訊工程師 / 電訊工程師（香港警務處）	一級	一級	-
83.	電訊工程師（通訊事務管理局辦公室）	助理電訊工程師 / 電訊工程師（通訊事務管理局辦公室）	一級	一級	及格
84.	電訊工程師（香港電台）	高級電訊工程師 /助理電訊工程師 / 電訊工程師（香港電台）	一級	一級	-
85.	電訊工程師（消防處）	高級電訊工程師（消防處）	一級	一級	-
86.	城市規劃師	助理城市規劃師 / 城市規劃師	二級	二級	及格
87.	貿易主任	二級助理貿易主任	二級	二級	及格
88.	訓練主任	二級訓練主任	二級	二級	及格
89.	運輸主任	二級運輸主任	二級	二級	及格
90.	庫務會計師	庫務會計師	二級	二級	及格
91.	物業估價測量師	助理物業估價測量師 / 物業估價測量師	一級	一級	及格
92.	水務化驗師	水務化驗師	一級	一級	及格

PART II 試題精讀庫

中文運用應試攻略篇

1. 試前準備

　　考試前必須多做練習、模擬試題，原因是中文運用一卷除考核考生的中文知識，更要求在短時間內速讀並理解大量文字。若不熟習考試的模式，難以於45分鐘內完成四大部分的題目。

2. 時間分配

全卷分四部分，以下為各部之詳細資料：

		考核內容	題數
第一部分	閱讀理解	文章閱讀	8
		片段/語段閱讀	6
第二部分	字詞辨識	辨識錯別字	8
		繁簡互換	
第三部分	句子辨析	辨識病句	8
第四部分	詞句運用	辨識詞彙	15
		辨識句子	
		句子排序	

　　考生只有45分鐘完成45題題目，雖然是多項選擇題，但考生要花時間閱讀大量的文字，而且主要是考核考生的中文語法，包括字詞運用、句子結構、句子邏輯、理解能力等。因此，作答時的時間分配十分重要。

建議答題時間

答題時間	
第一部分：閱讀理解	20分鐘
第二部分：字詞辨識	共10分鐘
第三部分：句子辨析	
第四部分：詞句運用	15分鐘

（一）閱讀理解攻略

I. 文章閱讀

在這部分，考生需要閱讀一篇文章然後回答問題。文章題材廣泛，包括議論、說明、記敘等。題材涉及日常生活各方面。題目在於測試考生理解文意及掌握段旨、作者表達的深層意思、分析資料、辨識事實與意見等等。

中文運用的文章篇幅不會太長，其要旨在於短時間內掌握文章大意及段旨。考生在應試前應掌握以下兩個重要的技巧。

一、 精讀、略讀、速讀技巧的交替運用

1. 精讀

又稱「細讀」，指仔細地閱讀，務求對文章的字詞、段落、結構、內容、主旨和手法有充分掌握及理解。此技巧多運用於學術性的篇章如論文、研究報告、教材等。

精讀採用的步驟有三：

步驟一：概覽全篇文章，讓腦海中有一大要

步驟二：仔細閱讀每一部分，了解每一字詞、句子的含義、段落大意

步驟三：要與自身的經驗、知識結合分析文章，故精讀是最需要時間

2. 略讀

即觀其概略。其要旨是講求大體的涉獵或粗略的通讀，除個別重要或感興趣的部分外，一般不作深入的研究和揣摩。

其方法主要是採用視讀法，即文章與眼球之間有一視距。每次眼球停頓時認知看到的文字訊息，並盡量閱讀最多的文字。閱讀的文字愈多，認知量愈大，速度愈快。一般的停頓位置以標點符號作為間距。

3. 速讀

　　速讀是指以高速度、講效率的閱讀方法，速讀講求精神集中，排除雜訊干擾，以及眼腦活動的互相配合。速讀是在閱讀文章時以掃視的方式進行資訊接收。平常可以左加移動視點的方法進行訓練。此外，如要增加閱讀速度，平常亦可以掃視閱讀的方式練習，關鍵在於不逐字逐句來閱讀，而是將視點放在關鍵字詞上，並以句子、段落，甚至整頁文字為視讀單位。

在應試時，三種技巧應交替運用：

　　步驟一： 先看文章標題及略讀每段首尾兩句，讓自己大約了解每段內容

　　步驟二： 然後略讀題目，圈出關鍵詞

　　步驟三： 回到文章中對應題目的地方，細讀尋找答案

例文一：
我們只是拼不過社會發展而開始消失

　　坊間很多文章都指冰室是茶餐廳的前身，但我並不認為茶餐廳是由冰室演變出來。傳統冰室不但有著室內的舊特色，有著食物的舊味道，有著心內的人情味，而且是香港最初期一種中西結合的飲食文化，相信大部份人都知道英國人打發下午時光的一種絕佳方式就是「high tea」，而香港曾經是英國殖民地，當時受到西方飲食文化影響，香港人亦開發了平民化的「嘆茶」方式，就是冰室。

　　其實冰室及茶餐廳主要都是五六十年代興起，不是先有前者或是先有後者，但冰室一直以來都保持著只有早餐及下午茶的經營方式，不像茶餐廳另有晚市及宵夜，而食物款式接近多年不變，試問冰室被打入式微行業有何困難？時代發展及經濟效益不只是淹沒了某些行業，而且很多擁有50年歷史的建築物被改建及清拆，最令人印象深刻有尖沙咀前水警總部、雷生春、皇后碼頭。到了現在，人們想重拾當年冰室的味道就真的困難了，因為許多正宗冰室都被其他食肆取代了，有些自取滅亡將冰室轉成了茶餐廳繼續經營。當然，一些真正的冰室是沒有轉型的，無論一

些仿舊冰室的餐廳如何大行其道，它們只保留外觀其實並沒有冰室的味道， 即使社會上仍信奉「物競天擇，適者生存」，但這些異族根本取代不了正宗冰室。

以下那項是文章首段作者帶出的意思：

A. 冰室是茶餐廳的前身

B. 冰室與茶餐廳是同時出現

C. 冰室是受西方文化影響

D. 冰室是由茶餐廳轉型而來

分析：

從文章的標題中「拼不過社會發展」、「消失」看到，這篇文章是舊事物有關。而此首段首尾兩句已告訴了讀者，首段是論及作者認為冰室與茶餐廳之間的關係，次段首尾兩合則是提及冰室的發展。

題目關鍵是首段作者的意思。從首段尾句以可看到「香港曾經是英國殖民地，當時受到西方飲食文化影響」，所以答案是C。

二、段意與中心句

在運用速讀、略讀技巧時，為了快速掌握文章段意及全文主旨，在閱讀時需要尋找中心句。中心句又稱主題句，即段落中體現段落主題的句子。

中心句可以分成三種：

第一種：段首中心句

作用：即段開首的第一句已揭示主題。

第二種：段末中心句

作用：即主題句在段最後一句，通常是歸納段意。

第三種：段中中心句

作用：在段的中間，通常是有一前題，然後引出段意，段的後半則是對該中心句的補充説明。

例文一：
我們只是拼不過社會發展而開始消失

分析：

　　前文的例子用了速讀的技巧，為了讓讀者能在最短時間把握文意，通常中心句只會出現於一句。例如首段的第一句「坊間很多文章都指冰室是茶餐廳的前身，但我並不認為茶餐廳是由冰室演變出來。」已表達了作者的想法，往後的都只是補充說明，這是段首中心句。而第二段一直都是舉出事例說冰室的發展情況，包括「異類」出現，直至最後一句作者將之歸納成其看法：「即使社會上仍信奉「物競天擇，適者生存」，但這些異族根本取代不了正宗冰室。」這正是此段作者的論點或中心思想。故此為段末中心句。

　　當然，中心句不一定出現於首、中、尾，有時隱藏於文字之中，要靠讀者自行推敲，故為要更準確地掌握文意，應試時以速讀的方式看頭尾句為較佳做法。

（一）閱讀理解

II. 語段閱讀

本部分主要測試考生在閱讀個別語段時能否理解該段文字的含義，作者的觀點、引申意思等等。

在此部分中，除了應用上文提到的閱讀技巧外，還可以運用以下的方法：

一、前後呼應的詞語

有時文章或語段中會出現一些不常見的詞語，應試時由於無法利用工具書幫助考生查閱，可能會做成困擾。其實，這些詞語可透過上文下理推敲大概意思。事實上，句子本就是由不同詞組聯繫而成，詞語與詞語之間往往都是互相呼應的。

例文二：

今天網路的興起正是另一場新的印刷術革命，網路通訊的普及，資料的流通使知識傳播的速度遠超前代。更重要的是，使用網路的門檻很低，人人都可以輕鬆上網，也可以輕鬆發表自己的想法。網上的資訊流通形成了全球心智，一些全球的共同意識形成，最特別的是從前人們或許還會質疑是否有普世價值，又或為何民主、自由等普世價值為何是西方標準，而不能有另一些詮釋。但今天由於全球心智的形成，西方式民主自由的理念已成為詮釋民主自由的標準。

分析：

在以上語段中，「全球心智」一詞共出現了兩次，驟眼看來，「全球心智」是一個專用名詞，一般人看來有點不明所以，但從上文下理看到，它是與網路有關，而下文中又提到一些普世價值。由此可知，全球心智是基於網路傳播下的共同價值標準的意思。

二、關鍵詞

　　關鍵詞就是幫助人們理解語段重點的詞語。每篇文章或語段背後都有一個或多個想要表達的重點，這些重點有時會集中表現為一個或幾個詞語，這就是關鍵詞，故關鍵詞是緊扣文章意思而存在的。

例文三：

　　近代中東問題之所以趨向複雜化，外力的滲透是一個十分重要的因素。二十世紀開始，從鄂圖曼土耳其帝國瓦解，英法勢力進入、到上世紀中葉美蘇將冷戰擴大至中東地區，及後冷戰時代幾乎每一次的衝突，都與外力滲透有關。根本的問題在於中東民族國家，本身希望獨立。第一次世界大戰後，鄂圖曼土耳其帝國瓦解後，中東的民族主義覺醒更強烈，但是西方列強在巴黎和會中，卻將中東的地圖按照列強自己的意願任意分割，於是出現了民族國家林立，並沒有解決內部民族主義問題的局面，當中以色列及巴勒斯坦問題便是最明顯例子。可以說，如果不是西方列強忽視現實來劃分中東地圖，中東的紛爭必然沒有往後數十年的複雜。

分析：

以上的語段主要評論西方國家與中東地區的關係，其中關鍵詞是「外力滲透」。作者舉了一些例子來說明中東局勢惡化的前因，但主要仍是緊扣「外力滲透」這個詞組來說明西方列強如何令中東問題惡化。

三、刪去詞句的枝節

語段部分主要考核考生對段意的理解，故此考生在應試時，可嘗試將一些枝節內容刪除，只保留中心句部分。

例文四：

對於政府，~~除子民眾因為接觸知識的渠道大增外~~，更難以控制的是「巨量資料」的興起。只要有心想找一些資料，在網上必然可以找得到。~~從前政客或政府還可以因為沒人記得他們說過什麼來欺騙市民~~，但是隨著現在記憶體成本的下降，以及查找資料的方便，~~不論政府、建制派、泛民~~，只要是從政者都要小心，因為他們的一言一行均自動受到網絡監察，~~有一大批的網民能隨時將他們從前說過或做過的東西翻查出來廣傳。上述環球時報的例子是明顯一例，那是2005年的評論，近來卻被網民找出來諷刺梁振英說要以個人身份簽名反佔中~~。此外，那些不知為什麼要出來遊行、或收了錢、或只是臨記出來撐場、或一些做假的照片，通通也逃不過網民們的監測，而使建制派、政府、親政府人士的形象大受打擊。

分析：

當刪去了例子及重複的內容後，整段文字的意思其實也很明顯，就是公眾人物都受到網絡監測，要小心言行，否則形象必然受損。

以上三個技巧只是眾多閱讀技巧的一部分，考生在應試前熟讀，便可有助提升作答能力，但最主要的方法還是多閱讀文章及練習，提升語感。

（一）閱讀理解：練習篇

I. 文章閱讀

練習一：
〈贈與今年的大學畢業生〉(節錄) 胡適

　　學生的生活是一種享有特殊優待的生活，不妨幼稚一點，不妨吵吵鬧鬧，社會都能縱容他們，不肯嚴格地要他們負行為的責任。現在他們要撐起自己的肩膀來挑他們自己的擔子了。在這個國難最緊急的年頭，他們的擔子真不輕！

　　你們畢業之後，可走的路不出這幾條：絕少數的人還可以在國內或國外的研究院繼續做學術研究；少數的人可以尋著相當的職業；此外還有做官，辦黨，革命三條路；此外就是在家享福或者失業閒居了。走其餘幾條路的人，都不能沒有墮落的危險。墮落的方式很多，總括起來，約有這兩大類：

　　第一是容易拋棄學生時代的求知識的欲望。你們到了實際社會裡，往往所用非學，往往所學全無用處，往往可以完全用不著學問，而一樣可以胡亂混飯吃，混官做。在這種環境裡，即使向來抱有求知識學問的決心的人，也不免心灰意懶，把求知的欲望

漸漸冷淡下去。況且學問是要有相當的設備的：書籍，實驗室，師友的切磋指導，閒暇的工夫，都不是一個平常要糊口養家的人所能容易辦到的。沒有做學問的環境，又誰能怪我們拋棄學問呢？

第二是容易拋棄學生時代理想的人生的追求。少年人初次與冷酷的社會接觸，容易感覺理想與事實相去太遠，容易發生悲觀和失望。多年懷抱的人生理想，改造的熱誠，奮鬥的勇氣，到此時候，好像全不是那麼一回事 。渺小的個人在那強烈的社會爐火裡，往往經不起長時期的烤煉就熔化了，一點高尚的理想不久就幻滅了。抱著改造社會的夢想而來，往往是棄甲曳兵而走，或者做了惡勢力的俘虜。你在那牢獄裡，回想那少年氣壯時代的種種理想主義，好像都成了自誤誤人的迷夢！從此以後，你就甘心放棄理想人生的追求，甘心做現成社會的順民了。

要防禦這兩方面的墮落，一面要保持我們求知識的欲望，一面要保持我們對理想人生的追求。有什麼好法子呢？依我個人的觀察和經驗，有三種防身的藥方是值得一試的。

第一個方子只有一句話：「總得時時尋一兩個值得研究的問題！」

第二個方子也只有一句話：「總得多發展一點非職業的興趣。」

第三個方子也只有一句話：「你總得有一點信心。」

1. 作者透過第一段帶出的訊息是：

   A. 大學生的生活可以幼稚一點，是社會賦予給他們的權利。

   B. 社會人士太縱容大學生，是導致他們對任何事不負責任的主因。

   C. 大學生必須負起救國之大業，故此現在要學習如何承擔自己的行為。

   D. 大學生現在的生活比以往艱難，責任更重大。

2. 根據第三、四段，以下哪個不是作者認為大學生墜落的原因：

   A. 有些人學富五車，他們在現實生活的遭遇未必會比不學無術的人優越，甚至更差，容易令人心如死灰。

   B. 理想於現實環境難以實行，連追尋理想的心也受磨滅，人會變得迷失。

   C. 敵不過現實利益的誘惑，為了令生活質素提升，甘願淪為奴隸。

   D. 為了生活，沒有心力去研究學問，更沒有適合的環境，就會放棄追求學問。

3. 本文的主旨是什麼？

   A. 分析大學畢業生將會遇到生活與心理上的困惑，並引導他們如何走出困境。

   B. 勸告大學畢業生不要走入生活的困局，並教導他們怎樣自救。

   C. 展示當時社會上的各種現實與理想之間的衝突，並鼓勵大學畢業生保存求學之心。

   D. 探討當時大學畢業生面對現實社會的心態，並警惕他們不要沉迷追隨理想主義。

練習二：
〈讀書的藝術〉(節錄) 林語堂

讀書是文明生活中人所共認為是一種樂趣，極為無福享受此樂者所羨慕。我們如把一生愛讀書者和一生不知讀書者比較一下，便能了解這一點。凡是沒有讀書之癖的人就時間和空間而言，簡直是等於幽囚在周遭的環境裏邊。他的一生完全落於日常例行公事的圈禁中，他只有和少數幾個朋友或熟人接觸談天的機會他止能看見眼前的景物，他沒有逃出這所牢獄的法子，但在他拿起一本書時，他已立刻走進了另一個世界，如若所拿的又是一本好書，則他便已得到了一個和一位最善談者接觸的機會。這位善談者引領他走進另一個國界，或另一個時代，或向他傾吐自己胸中的不平。或和他談論一個他所從未知道的生活問題。一本古籍使讀者在心靈上和長眠已久的古人如相面對，當他讀不下去時，他便會想像到這位古作家是怎樣的形態和怎樣的一種人。孟子和大史家司馬遷都表示這個意見。一個人在每天十二小時中，能有兩小時的功夫撇開一切俗世煩擾，而走到另一個世界去遊覽一番，這種幸福自然是被無形牢獄所驅囚的人們所極其羨慕的。這種環境的變更，在心理的效果上，其實等於出門旅行。

但讀書之益還不止這一些。讀者常會被攜帶到一個思攷和深

思熟慮的世界裡邊去。即使是一篇描寫實事的文章，在身親其事和從書中讀其經過之間，也有很大的不同點。因為這種事實一經描實到書中之後，便成為一福景物，而讀者便成為一個脫身是非，真正的傍觀者了。所以真正有益的讀書，便是能引領我們進到這個沉思境界的讀書，而不是單單去知道一些事實經過的讀書。人們往往耗費許多時間於讀新聞紙，我以為這不能算是讀者，其目的不過是要從而得知一些毫無回味價值的事實經過罷了。

1. 為何作者認為「沒有讀書之癖的人」就「等於幽囚在周遭的環境裏邊」？

   A. 他們甘於寂寞，只關注身邊所發生的事，不願意多看書籍以充實自己。

   B. 他們的眼界狹窄，未能透過書籍來認識世界，接觸到不同時代、地域的知識。

   C. 他們不願意接觸自己熟悉的環境以外的世界，只肯注意眼前之事。

   D. 他們把自己的內心封閉，不肯接觸外界以擴闊眼界。

2. 以下哪一項不是作者指出的「讀書之益」（第二段開首）？

   A. 透過閱讀不同的書籍，可以跨越不同時間、空間。

   B. 閱讀不同的書籍，可以走入深層之的境界。

   C. 閱讀書籍，可以打破困局，脫離是非之地。

   D. 透過閱讀，可以與作者在心靈上交流。

3. 關於讀書，以下哪一項的描述是正確？

   A. 只有愛好閱讀的人，才會真正感受到箇中的樂趣。

   B. 閱讀古書，可以知道古人所面對的事情。

   C. 讀者在閱讀書籍時會不知不覺成為了旁觀者。

   D. 閱讀尤如出門旅行，有很多值得回味之事。

4. 在段末，為何作者認為讀新聞紙的人「這不能算是讀者」？

   A. 新聞紙不屬於書籍，故閱者不能稱為讀者。

   B. 只是知道事實，而沒有學懂人生哲理。

   C. 只是吸收資訊，而非帶領人進入另一個知識領域。

   D. 新聞紙根本毫無價值，只會浪費時間，不算是閱讀。

練習三：
申菱空調冀吸納本地人才「跳出」國際（節錄）

科技園公司的資料顯示，目前科學園360個租戶中，44所來自內地，佔整體一成，包括在廣東順德設廠的申菱空調，去年中來港設立環保節能科研中心。申菱空調董事長崔穎琦接受電話專訪時說，冀來港可吸納本地人才，與本地大學合作研發新技術。他亦明言視香港作為「跳板」走出去，認為本港有一定規範，亦綜合不少外國經驗，相信在港營商的經驗有利於開拓國際市場。

創立近30年的申菱空調一直以科技為主導，業務包括研發、設計、製造、營銷、工程安裝等，提供商用和工業用的空調設備，亦研究環境潔淨、有特殊用途的空調設備等。崔穎琦稱公司已於順德設研發中心，但認為同時在港設科研中心可作為衝出國際的「跳板」，正在港尋找研發項目，處於「招兵買馬」階段，參與了剛完成的科學園職業博覽，「請人的數量視乎在港發展的項目數量多少」。

對於科技園公司計劃在將軍澳工業邨興建兩幢高效能多層大廈，發展智能生產，崔穎琦說有興趣了解更多，「我們都做緊，想發展智能（生產）、自動化，正諮詢發展方案」。

（節錄自：《明報》，3月22日）

1. 下列哪項是對申菱空調來港發展的確描述是不正確的：

   A. 去年中才來港設立環保節能科研中心。

   B. 盼能吸納本地人才。

   C. 希望與本地大學合作。

   D. 希望能在本港集資。

2. 為甚麼申菱空調將香港視作跳版？

   A. 香港有綜合不少外國經驗。

   B. 香港有不少外資公司。

   C. 香港有不少外國科研公司。

   D. 香港的法制獲外商信賴。

3. 下列哪項不是對申菱空調的正確描述：

   A. 申菱空調歷史悠久。

   B. 申菱空調業務單一。

   C. 申菱空調在港業務屬起步階段。

   D. 申菱空調有2個研發中心。

練習四：
〈生〉(節錄) 巴金

死是謎。有人把生也看作一個謎。

許多人希望知道生，更甚於願意知道死。而我則不然。我常常想瞭解死，卻沒有一次對於生起過疑惑。

真正知道生的人大概是有的；雖然有，也不會多。人不瞭解生，但是人依舊活著。而且有不少的人貪戀生，甚至做著永生的大夢。

每個人都努力在建造「長生塔」，塔的樣式自然不同，有大有小，有的有形，有的無形。有人想為子孫樹立萬世不滅　的基業；有人願去理想的天堂中做一位自由的神仙。然而不到多久這一切都變成過去的陳跡而做了後人憑弔唏噓的資料了。沒有一座沙上建築的樓閣能夠穩立的。這是一個很好的教訓。

在顯微鏡下的小小天地中看出了解決人間大問題——生之謎的一把鑰匙。過去無數的人在冥想裡把光陰白白地浪費了。

我並不是生物學者，不過偶爾從一位研究生物學的朋友那裡學得一點點那方面的常識。但這只是零碎地學來的，而且我時學時忘。所以我不能詳徵博引。然而單是這一點點零碎的知識已經使我相信龔多塞的遺言不是一句空話了。他的企圖並不是夢想。將來有

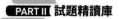

一天科學真正會把死征服。那時對於我們，生就不再是謎了。

　　「生」的確是美麗的，樂「生」是人的本分。前面那些殺身成仁的志士勇敢地戴上荊棘的王冠，將生命視作敝屣，他們並非對於生已感到厭倦，相反的，他們倒是樂生的人。所以奈司拉莫夫坦白地說：「我不願意死。」但是當他被問到為什麼去捨身就義時，他卻昂然回答：「多半是因為我愛『生』過於熱烈，所以我不忍讓別人將它摧殘。」他們是為了保持「生」的美麗，維持多數人的生存，而毅然獻出自己的生命的。這樣深的愛！甚至那軀殼化為泥土，這愛也還籠罩世間，跟著太陽和明星永久閃耀。這是「生」的美麗之最高的體現。

　　「長生塔」雖未建成，長生術雖未發見，但這些視死如歸但求速朽的人卻也能長存在後代子孫的心裡。這就是不朽。這就是永生。而那般含垢忍恥積來世福或者夢想死後天堂的「芸芸眾生」卻早已被人忘記，連埋骨之所也無人知道了。

1.　**每個人用不同方式來建造「長生塔」，目標卻是一致，根據文意，作者的看法是：**
　　A. 他們不會成功，原因是他們沒有太多時間。
　　B. 他們不會成功，主因是他們並沒有做過留芳百世之事，難長存於後人心中。
　　C. 他們會失敗，理由是每個人總會成為過去，後人會漸漸忘記先人。
　　D. 他們難以成功，他們建造的塔並不穩固，經不過風吹雨打。

2. 文中提及「生是謎」,「謎」是指什麼?

    A. 永生不滅的方法。

    B. 長生不老之術。

    C. 生存的法則。

    D. 人生的意義。

3. 作者在第七段認為「這是『生』的美麗之最高的體現」,從而反映他的價值觀是:

    A. 視死如歸,他並不懼怕死亡。

    B. 人要活得有意義,不要只是一味追求長生的方法。

    C. 生時要貢獻社會,不可貪生怕死。

    D. 不為自己,成全他人,才是生的價值。

4. 根據文意,作者認為怎樣才是「不朽」、才是「永生」?

    A. 能夠在生前建立一個穩固的「長生塔」。

    B. 能夠勇敢面對死亡,生時能做到樂「生」的態度。

    C. 能夠捨棄生命,不貪戀生,視死如歸。

    D. 能做到捨生取義,彰顯人生最高的道德精神。

練習五：
〈從增加無家者庇護所做起〉
（節錄）

　　讀者最近留意到三藩市市內的露宿者紮營及帳篷數目情況有加劇的趨勢，引起了社會各界人士的關注及爭論。與此同時，由於三藩市政府無法迅速作出行動，導致帳篷數目有增無減。這些帳篷正正成為我們城市無力應付這些無家可歸者、精神病及吸毒問題的有力象徵。

　　大家要知道：行人道上的帳篷並不是市內房屋其中的一部分。這些帳篷不人道的程度實在是令人難以置信。無論是對在帳篷內住的人和周邊的社區也大大造成了健康、衛生和安全的問題。我們在這些帳篷附近可見到糞便，吸毒丟棄的針頭和老鼠等等惡化的衛生條件。亦有在帳篷內的人被襲擊。毒販亦有機可乘，導致這些人因而成為受害者。許多居民、路人和商戶舉報這些帳篷附近的罪案問題。路經的途人要繞過這些營地，被迫改道在交通繁忙的車道上步行。

　　最近，我向六個市府部門——包括民政局，公共衛生局，警察局，消防局，工務局和市長辦公室——去信要求報告解釋有關帳篷的數據，計劃如何能夠幫助這些人士從帳篷搬到庇護所及

把帳篷移走。我們要明確知道，移走帳篷是整個過程其中的一部分。只是提供庇護所，卻對這些無家可歸者拒絕進入庇護所的問題坐視不理，這是完全不足夠的。讓帳篷霸佔行人路更是絕不可取。

我能預計到無家可歸者倡議人士對我剛剛提及這封信的反應。他們把此信視作殘酷不仁，作出層出不窮的攻擊。他們掛着口號，道明任何人如敢對個別人士不應霸佔公共空間提出意見—— 即是庇護所比街上的帳篷營地更加合適 —— 便是向無家可歸者作出不合理指控。

這些自封的無家可歸權益倡導者認為，「殘忍」的就是我要求交代如何幫助無家可歸人士離開不衛生和不安全的帳篷並轉到庇護所和住房的計劃詳情。

我不同意他們「殘忍」的定義。殘忍的做法就是讓他們留在帳篷。不人道的待遇就是繼續眼看別人每況愈下和在屬於大家的街道上黯然離世。

我們街上的人口需要很多幫助。雖然三藩市在2004年至2014年期以永久住房安置了近一萬二千名無家可歸者，但是仍然需要為無家可歸者建造更多的房屋，而我們也正在興建這些房屋。我們需要更多的庇護所收容量和更多的無家可歸者導航中心。我們也需要更多的心理健康服務。所有這些工作都是非常之重要，我亦全力支持。

在街道上的帳篷不是房屋，更重要是我們不要因為官方的忽視和無作為，從而避免他們成為了房屋政策的一部分。這些帳篷必需要撤去。

節錄自三藩市市參事威善高：〈從增加無家者庇護所做起〉《星島日報》(三藩市，2016年2月28日)。

1. 文中指出「三藩市市內的露宿者紮營及帳篷數目情況有加劇的趨勢」，反映了什麼問題？
    A. 三藩市的失業率高。
    B. 三藩市有很多吸毒者。
    C. 三藩市政府管治能力低。
    D. 三藩市欠缺精神病復康中心。

2. 作者去信至六個市府部門，以下哪一項不是他的目的：
    A. 移除霸佔行人路的帳篷。
    B. 正視露宿者四處吸毒的問題。
    C. 勸告露宿者入住庇護所。
    D. 處理露宿者於社區製造的滋擾。

3. 作者預計無家可歸者倡議人士會視他的發信行為是「殘忍」，「殘忍」的意思是：
    A. 批評露宿者的行為。
    B. 無視露宿者的生活需求。
    C. 強迫露宿者入住庇護所。
    D. 趕絕社區內的露宿者。

4. 作者在第五段提及「我不同意他們『殘忍』的定義」，他的論點是：

A. 為露宿者伸張正義，爭取更多福利，而且喚醒市民對露宿者的關注。

B. 協助露宿者尋找居所，解決社區衛生與治安問題。

C. 讓露宿者繼續紮營，未能為露宿者提供安身之所，也會為社區帶來不少問題。

D. 露宿者根本不願意入住庇護所，主因是無家可歸者倡議人士鼓勵他們繼續紮營。

5. 根據文意，作者的態度是：

A. 強硬且清晰

B. 堅定且明確

C. 軟弱且模糊

D. 溫和且含混

I. 文章閱讀練習篇答案與解說

練習一：

1. D 解說：此段為段末中心句，段意在最後一句反映出來：「現在他們要撐起自己的肩膀來挑他們自己的擔子了。在這個國難最緊急的年頭，他們的擔子真不輕！」擔子是指他們將要負的責任。

2. C 解說：A與B在本文第三段也能找到相關說法:「你們到了實際社會裡，往往學非所用，往往所學全無用處，往往可以完全用不著學問，而一樣可以胡亂混飯吃、混官做。」「沒有做學問的環境，又誰能怪我們拋棄學問呢？」，D在第四段也有提及：「少年人初次和冷酷的社會接觸，容易感覺理想與事實相去太遠，容易發生悲觀和失望。」唯有C，作者說「做了惡勢的俘虜」是因為夢想幻滅，而沒有提及利益問題。

3. A 解說：從本文結構來看，作者分析了大學生墮落的兩個原因，在後半段提供了三個方子，讓他們可避免墮落，切合了A的說法。B前半句亦合乎文意，但文中沒有顯示自我警惕。文中也沒有鼓勵性的相關句子，故C亦不對。文中亦沒有分析時局，故D亦不合。

練習二：

1. B 解說：作者在文中運用大量例子（第一段）以闡述如果喜歡讀書，我們如何穿越時空來認識世界所有事物。

2. C 解說：要透過兩段來歸納出來。

3. A 解說：B閱讀古籍可上通古人，可想像作者當時的心境，而非「所面對之事」。閱讀可令讀者旁觀書籍敘述之事，與C的意思不同。D文中並沒有表達「值得回味之事」此意。

4. C 解說：作者在末句指出目的只是「得知一些毫無回味價值的事實經過罷了」，綜合全文，作者認為「讀書」是與知識相關。

練習三：

1. D 解説：文中並沒有提及申菱空調希望來港集資。

2. A 解説：文中説明「他（申菱空調董事長崔穎琦）亦明言視香港作為『跳板』走出去，認為本港有一定規範，亦綜合不少外國經驗，相信在港營商的經驗有利於開拓國際市場。」

3. B 解説：申菱空調業務包括「業務包括研發、設計、製造、營銷、工程安裝等，提供商用和工業用的空調設備，亦研究環境潔淨、有特殊用途的空調設備等。」故業務並不單一。

練習四：

1. B 解説：作者在第四段指出「然而不到多久這一切都變成過去的陳跡而做了後人憑弔唏噓的資料了。沒有一座沙上建築的樓閣能夠穩立的。」

2. A 解説：綜合全文，作者一直圍繞「不朽」來討論。

3. D 解説：這句是回應殺身成仁的例子。

4. D 解説：作者雖提及「視死如歸」，但真正的意思非指「捨棄生命」，而是「捨生取義」。

練習五：

1. C 解説：第一段指出「由於三藩市政府無法迅速作出行動，導致帳篷數目有增無減」。

2. B 解説：雖然第二段提及在帳篷附近有丟棄的針頭，但並沒有指露宿者四處吸毒，故不一定是指露宿者有此行為。

3. D 解説：作者表示「殘忍的做法就是讓他們留在帳篷」，故他不是要趕絕他們，而是幫助他們，文章也提及幫助他們入住庇護所。

4. C 解説：文章由第一至四段均指出紮營對社會與露宿者帶來的問題，若不處理，只會令所有人包括露宿者都有不良後果。

5. B 解説：文章可見作者有鮮明的立場，以明確的理據支持自己的建議，嘗試以理服人，故A非答案，而是B。

II. 語段閱讀

練習：

1. 中國人在兒童的道德教育方面是整齊劃一的，不論是在家庭還是在幼兒園，成人們將統一的、被社會公認的道德價值標準灌輸給兒童，使兒童從小就學會用文化讚許的道德觀念來約束自己的行為，如拾金不昧、互助友愛、禮尚往來、寬容謙讓等等。美國人在兒童的道德教育方面則沒作統一要求，即沒有向幼兒灌輸統一的道德價值標準，他們的道德認識裡含有較強的「自我中心」傾向。

   根據這段話，反映了：

   A. 不同的德育內容對兒童價值觀和個性傾向的形成起着不同的導向作用。
   B. 不同的文化背景對兒童價值觀和個性傾向的形成起着不同的導向作用。
   C. 不同的道德觀念影響兒童的身心發展。
   D. 不同的文化觀念影響兒童的心理發展。

2. 「金叵羅」的「叵羅」本身並無「杯」或「飲酒器具」的意思。初步推測,「金叵羅」可能是外來的音譯詞。古代漢語和藏語有很密切的語源關係,藏語有 "kham-phor" 一詞,解作陶杯。如果「金叵羅」是 "kham-phor" 的音譯詞,那麼「金叵羅」便不是用金製的了。但無論「金叵羅」是用甚麼製造,它是一種珍貴的杯,是無庸置疑的。粵語承用「金叵羅」一詞,保留「珍貴之物」的意思,但更多時候將它借喻為極受寵愛的孩子。

根據這段話,文章的重點是:

A. 金叵羅是很珍貴。

B. 每個孩子有如金叵羅。

C. 解釋金叵羅的引伸之意。

D. 說明金叵羅的來源。

3. 毅進文憑及副學位，原意是為了讓在公開試失手的同學有多一條升學的途徑。眾所周知，不是所有學生都懂得考試的技巧，而且公開試失敗的學生未必就比直升大學的學生的學習能力低，關鍵在於哪一種學習模式更能發揮其個人專長。事實上，讀副學位的同學，他們可能只精於理工科；或是他們精於探究自己有興趣的事物；又或是他們只是中英文其中一科未如理想（當然也有兩科都不行），但壇長於其他科目，只要改變考核方式，他們在大專院校的表現比直上大學的學生是不相伯仲。筆者無論在學時期，還是在大專院校任教時，也察覺部分副學士銜接上大學的學生，學習與處事能力比同屆的同學成熟，這或許是他們因「仕途不順」，繞了一圈反而獲取更多的經驗。

關於這段文字，重在說明：

A. 只要選對科目，改變讀書方式，無論在哪條途徑都能學有所成。

B. 在公開試成績不如理想與評核方式有關。

C. 從另一途徑入讀大學的學生各方面的能力不一定遜色。

D. 直升大學的學生人生經驗不如就讀毅進的學生。

4. 本港1月下旬受強烈寒潮影響，氣溫急降，正值當時出現
氣候現象「北極震盪」（又稱「北極濤動」）。李新偉解
釋，反映北極寒冷氣流會否南下的北極振盪指數 （AOI）
目前數值約為0，與1月下旬的負4仍有距離（數值愈低，
寒流南下機會愈高）。但他強調指數只能顯示寒流會否南
下，但不能預測寒流移動路徑。

據上文，可得出下列哪項結論：

A. 「北極震盪」對本港溫度跌幅未必有直接關係。

B. 外國的天氣預測數據不準確。

C. 香港天文台的預測數據較外國準確。

D. 「北極震盪」對香港天氣沒有影響。

5. 一個良好的公民社會，應該平等對待不同背景出身的人士，動不動就對他人貼上標籤，不單無助於解決事情，更使不同的群體受到不公對待而造成社會撕裂。我們一方面說要讓年輕人有多一個機會，另一面卻對毅進、副學位的同學存有偏見。那麼，他們只會認為自己是無用，打擊他們發奮的決心，對下一代自然不是好事；對警隊而言，前線的警員，備受市民批評，連建制派也抨擊他們，自然士氣低落。身為維護社會安定秩序的公僕，期望新任處長實事求是找出問題的根源，對症下藥，不要再讓濫權情況發生，重建警隊形象，這才是正確做法。

這段話反映，作者不認為：

A. 濫權情況消失，便能重建警隊形象。

B. 現今香港屬於良好的公民社會

C. 現今社會支持毅進學生。

D. 社會上的聲音存在矛盾。

6. 對於學生自發罷課以爭取心目中的理念，我是打從心底欣賞。畢竟人類歷史的進步本就需要有人以「明知不可為而為之」的精神去實踐。然而，罷課的最終目標究竟是什麼？任何一個運動都需要有 最終目標，如果這次罷課只為了要向政府及中央發聲，表達意見，那相信大家知道在未罷課之先，已經成功發出了這訊息，只是身為當權者繼續施行他的統治方針；但如果想以罷課作為逼使政府讓步的武器，那肯定成功機會是渺茫的。

對這段話，錯誤理解的是：

A. 我們可以嘗試用「明知不可為而為之」的精神做事。

B. 用罷課逼政府讓步，肯定會成功的。

C. 作者認為學生罷課行動目標有不清晰之處。

D. 罷課是為了讓政府聆聽市民的聲音。

7. 雖然香港約有40%土地屬於郊野公園,但我作為一個住在石屎森林,而且又很懶的都市人,一直都沒怎麼「親親大自然」。一次偶然在報章看到一個越野跑步賽的廣告,覺得有趣又有點挑戰性,當晚便立刻上網報名。比賽在西貢北潭涌舉行,共分50公里、26公里、13公里三個路程,自知幾乎沒任何遠足經驗,所以便報了最短的13公里賽事。

   下列哪一項是語段表達的訊息:

   A. 證明香港擁有大量郊野公園土地。

   B. 介紹越野跑分多少類。

   C. 指出作者選擇參加較短公里的越野跑步賽之因。

   D. 證明大部份香港人都沒有親親大自然的機會。

8. 港交所(0388)行政總裁李小加昨天除在業績上大談退出機制外,於網誌上也分享第三板及新股通的初步構想,表示新設第三板或可帶來新氣象,以帶動或迫使主板與創業板改革,指該板可設立全新上市規則及較寬鬆的入場門檻,既不拒絕好公司,又可加快「爛公司」強制退市。李小加更建議,如果擔心新板對投資者風險太大,不妨在初期設立一定的「投資者適當性門檻」,先允許一些風險承受力較強的專業投資者自願入場,待發展到若干階段後,讓其新氣象帶動現有市場改革,又或者讓創業板可與三板並行營運,逐步改革。

   根據上文,下列哪個為正確選項:

A. 第三版為市場帶來的好處。

B. 第三版會跟創業板並行營運。

C. 第三版的風險比創業版高。

D. 第三版目的為加快「爛公司」退市。

9. 在全球心智的時代，一個政府如果再用從前那一套選擇性公布資料，或說一部分瞞一部分的方式與市民對話，或用作宣傳自己政策是鐵定行不通，雖然世上仍有案例指一些專制國家如伊朗能完全限制網絡言論，甚至不惜中斷全國伺服器，但更多例子如緬甸民主改革、中東的茉莉花革命也是受到網絡力量影響，世上某些非民主政府仍固守傳統的方式，說一半瞞一半，或嘗試誤導市民，那或許它能成功透過利誘做勢，並得到一小部分鐵票支援。世界上網上人口只會愈來愈多，而真相只會更多更快暴露在人前，更重要是政府的做法愈暴力及愈逃避現實，也只會把更多中間人士推向反對政府的一邊。

以下哪句為上文中心思想？

A. 全球心智讓政府想隱瞞的事情無法隱藏。

B. 暗處示好有助拉攏中立人士。

C. 理智務實的做法能使中立人士靠攏。

D. 網絡力量在政治上愈來愈不容小覷。

10. 中學生透過拍攝短片和訪問，可讓他們思考為何會喜歡探索廢墟，也有自我反省的機會。他們在學習拍攝短片訓練課程，既學習基本拍攝技巧，也會接觸拍攝的特性和理論等。其中一位學員表示中學生學習拍攝短片，可以提升他們對身邊事物的觀察力，最重要是學懂影像語言。影像創作有如寫作，有句式、文法，需要運用技巧，甚至要思考如何傳意。現時大部份中學較少這方面的訓練，故此可嘗試藉這類計劃教導中學生影像創作，替他們開多一道門，讓他們瞭解與運用影像語言來呈現他們的內心世界。

這段話所帶出的是：

A. 影像創作對中學生是十分重要的。

B. 影像創作有助學生提升各方面的能力。

C. 中學應該開辦影像創作的課程。

D. 學生運用影像創作改變自我。

11. 南韓有大學去年發表一項研究，調查當地逾萬人的飲咖啡習慣，分析咖啡與抑鬱症關係，當中3.7%受訪者患抑鬱症。研究發現較於每周飲用不足一杯咖啡人士，每周飲一至六杯咖啡者患抑鬱症風險低39%；若每日飲一杯或兩杯咖啡，相關風險分別低49%及43%。醫學界估計咖啡所含的色胺酸，或有調節及改善情緒作用。營養師建議可選擇飲用手沖咖啡及使用淺烘焙的阿拉比卡豆，因咖啡因較低，但含有較多色胺酸，令飲咖啡變得更健康。

根據這段話，以下對咖啡的說法是正確：

A. 適當的分量可對抗抑鬱症。

B. 適當的沖調方法可減低患上抗抑鬱症的機會。

C. 適當的分量與沖調方法可醫治情緒病。

D. 適當的分量與沖調方法可令身心健康。

II. 語段閱讀

練習答案

1. A　解説：文中指出中國人會傳授統一且標準的道德教育，西方則不同，故指出是「不同的內容」。

2. C　解説：文章縱然提及A與C，但「珍貴」一詞重複出現，並帶出了引伸意，後者為重點，故C才是正確。

3. C　解説：作者一直強調能入讀大學的學生，不論用什麼途徑，都有過人之處。

4. A　解説：文章沒有提及數據準確與否，故B、C不會是答案。文末指出「不能預測寒流移動路徑」，即不可否定那現象對香港完全沒有影響，故D不正確。

5. B　解説：文中提及市民認為要給予年青人機會，但對毅進或副學位的同學存偏見，説法矛盾，故C與D並非作者的想法。而A非單一的解決方法，故此是錯誤的。香港仍充斥歧視，又怎會是「良好的公民社會」。

6. B　解説：原文指出「那肯定成功機會是渺茫的」，意思並不包含必定成功。

7. C　解説：文末提及參加13公里之因，而前文主要是説明作者甚少遠足，故只有C才是正確。

8. A　解説：全文説明新設第三板帶來什麼新氣象，即是好處。

9. D　解説：B與C的內容在文中沒有提及，故不正確。「全球心智」不是導政事情無法隱藏的原因，故A也錯誤。

10. B　解説：文章開首已指出影像創作可學習到不同的技巧，而學員也提及他學到什麼的技能，故B是正確。

11. D　解説：全文以數據顯示適當的分量與沖調方法，可減低患上抑鬱症的風險，而營養師都認為可「更健康」，即是身體與心理方面都有好處。

（二）字詞辨識攻略

- ## 辨識錯別字

- ## 辨識繁體字與簡化字

在中文運用一卷，四部份中以第二部份（字詞辨識）最容易得分，只須找出正字或辨識出簡化字便能取得分數。故此，此八題的分數可謂不容有失。

一、辨識錯別字

　　我們瞭解一個字的字音、字義就會容易寫出正確的字詞，這是老生常談，而且考生要在短時間內溫習，又如何由字音、字義著手？考生多以「硬背」的方法，但效果並不理想。

　　本書以常犯錯誤的字詞，提供容易記憶的方法與常用字詞，以助考生奪取分數。

錯誤	正確	快速記憶法
混身	渾身	「混」多用於負面情況，意為摻雜、蒙騙，與「身體」並不搭配。
反醒	反省	不要忘記「省」有兩個讀音。
一椿	一樁	注意偏旁，錯的從「日」，正常的從「臼」。考試時要多加注意字的偏旁。
陶治	陶冶	讀音為「圖野」，不會是「治」音，而「冶」為兩點。考試時要多加注意字的偏旁。
脈胳	脈絡	「胳」從「肉」，與身體有關，但「脈絡」的「絡」指條理，就算是指血管，也不應從「肉」部。
罔想	妄想	雖為同音字，但「困惑」(罔)地想怎會是原意？
決擇	抉擇	「抉」意為選取，與「擇」一樣，謹記兩字的部首同為「手」。

採排	綵排	「糸」為部首的才是正字。
錯誤	正確	快速記憶法
配戴	佩戴	只有「佩」與「戴」是相近意思，「佩」為繫物在衣帶或衣服上，不用「互相配合」。
慎密	縝密	「縝密」意為周密或謹慎細心，從「糸」部緊緊繫上。
寒喧	寒暄	應酬之話只須虛寒問暖(「暄」從「日」)，不用大聲說話(「喧」從「口」。)
內咎	內疚	「內疚」只會慚愧後悔，不用憎惡(咎)自己！
特式	特色	特色只配「色」，不要「式」。
缺憾	缺陷	有缺點不用怨恨(憾)。
漫罵	謾罵	罵人要用說話，從「言」的才是正確。
門劵	門券	「券」是從「刀」，非從「力」。從「刀」才是有價值的紙票。
璀燦	璀璨	有些詞是用相同的部首，「璀璨」兩字皆從「玉」，「燦爛」均兩字從「火」。
興緻	興致	「興致」又如何精緻？
精神彷彿	精神恍惚	精神當然與「心」相關。
穿流不息	川流不息	水會流，川也會流，只有「穿」不會流。

相輔相承	相輔相成	互相配合就可成事，用不着繼承。
剛復自用	剛愎自用	「愎」為固執，與詞語意思一樣，「復」可配為「死灰復燃」。
錯誤	正確	快速記憶法
矯柔造作	矯揉造作	若然不可彎曲(揉)，又怎會遭人説是「造作」？
赴湯滔火	赴湯蹈火	沒有雙腳(「蹈」從「足」)，如何可以奮不顧身去做？
融匯貫通	融會貫通	「融會」有融合之意，知識要融合一起，才可領會。
相形見拙	相形見絀	「愚笨」(拙)確會令人比下去，但只是其中一個因素。自己有「不足」(絀)，比較之下就顯得不如對方。
莫不關心	漠不關心	如果「不能」(莫)不關心，別人怎會怪責你。
鬼鬼崇崇	鬼鬼祟祟	不要偷偷摸摸刪減一個「山」字！

二、繁體字與簡化字互換

　　中國教育部已於2013年頒布《通用規範字表》，整合了《第一批異體字整理表》、《簡化字總表》、《現代漢語常用字表》與《現代漢語通用字表》。《通用規範字表》收錄8105個字，3500為常用字。若要把所有簡化字記下來，短時間內未必能夠做到。

簡化字全攻略

　　考生可以運用「三破三立」的方法，在短時間內熟記常用的簡化字。

三破

　　我們懂得書寫繁體字，要學習簡化字並不困難，然而，我們常製造陷阱，自創簡化字，或者誤把某些字成為簡化字。故此，我們要運用「三破」，減低出錯的機會。

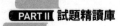

一破：日字為簡

我們對日本漢字並不陌生，甚至在香港會運用日本漢字成為日常生活的用語，例如「放題」、「人氣」、「玉子」等，久而久之，有時會誤把日本漢字為簡化字。

以下為20個常誤為簡化字的日本漢字：

繁體字	日本漢字	简化字
藝	芸	艺
妝	粧	妆
劑	剤	剂
圖	図	图
鹽	塩	盐
榮	栄	荣
櫻	桜	樱
樂	楽	乐
澤	沢	泽
縣	県	县

繁體字	日本漢字	简化字
雜	雑	杂
藥	薬	药
腦	脳	脑
氣	気	气
濱	浜	滨
絲	糸	丝
關	関	关
賣	売	卖
傳	伝	传
檢	検	检

二破：自製港謬

香港人喜歡自創簡化字，誤以為字型相近或字音相同，就是相應的簡化字。自製港式謬誤，尤以茶餐廳為代表。

以下為10個常誤以為簡化字的例子：

繁體字	錯誤寫法	正確寫法	解說
麗	丽	丽	繁體字的頂部分為兩橫，誤以為簡化字也是一樣，但簡化字只有一橫。
廳	庁	厅	繁體字的頂部有一點，簡化字則刪去。
蛋	旦	蛋	繁簡的寫法一樣。
翼	亦	翼	繁簡的寫法一樣。
餐	歺	餐	繁簡的寫法一樣。
檀	枟	檀	繁簡的寫法一樣。
儒	仟	儒	誤以近音字取替。
雞	鳮	鸡	「鳮」為異體字，非規範簡化字。
雜	什	杂	誤以近音字取替。
飯	反	饭	誤把偏旁「食」字刪去。

三破：凡字必簡

　　許多考生誤以為筆劃較多的字必定有簡化字，就如「龍」(簡：「龙」)、「盧」(簡：「卢」)或「覽」(簡：「览」)等。

　　可是，凡事總有例外，有些筆劃較多的繁體字沒有相應的簡化字，如「讚」、「捕」、「弊」、「撤」、「漂」等。

三立

　　要牢記所有簡化字，非一朝一夕之事，為節省時間，考生可以運用「三立」，以助在考試時選出正確的答案。

一立：類推大法

　　有些偏旁的字多以同一法則來簡化字型，只須謹記例外字會，便不用記大量的字。例子如下：

偏旁	類推大法	例外字
門	問(问)、間(间)、聞(闻)、閩(闽)	開(开)、關(关)
言	誤(误)、説(说)、詞(词)、計(计)	誇(夸)
糸	經(经)、紙(纸)、紅(红)、綱(纲)	總(总)

二立：一簡多繁

考生要注意有些簡化字是取代了幾個不同意思的繁體字。以下有10個常見的「一簡多繁」字：

簡化字	繁體字(相應簡化字)
征	遠征(远征)、徵詢(征询)
几	茶几(茶几)、幾乎(几乎)
钟	時鐘(时钟)、鍾愛(钟爱)
后	後來(后来)、皇后(皇后)
历	歷險(历险)、日曆(日历)
干	干擾(干扰)、乾淨(干净)
斗	斗篷(斗篷)、戰鬥(战斗)
台	台灣(台湾)、燈臺(灯台)、颱風(台风)
复	覆蓋(覆盖)、復興(复兴)、複製(复制)
系	系統(系统)、關係(关系)、聯繫(联系)

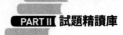

三立：辨音妙法

　　部分簡化字是選用較少筆劃的近音字來取替，故可注意其讀音。

繁體字	普通話讀音	簡化字	簡化符號	普通話讀音
懼	jù	惧	具	jù
遞	dì	递	弟	dì
蝦	xiā	虾	下	xià
購	gòu	购	勾	gōu
億	yì	亿	乙	yǐ

（二）字詞辨識── 練習篇

辨識錯別字——練習：

1.　選出沒有錯別字的句子。

　　A. 中樂是極具中國傳統特色的音樂，近年在學界更是趨之若霧，不少學校增設中樂團。

　　B. 把麵包投入水，便吸引成千上萬的魚追隨食物，實在蔚為奇觀。

　　C. 相傳光宗文武相全，盡得祖父的優秀遺傳基因，可惜英年早逝，而圓通寺正為他而興建。

　　D. 家長要做好身教，自己要多做運動，並與孩子一起參與，潛移墨化，令孩子愛上運動。

2.　選出沒有錯別字的句子。

　　A. 患者的語言發展緩慢，欠缺溝通能力。他們會重複某些語句，說話的音調平板怪異，尤如鸚鵡學舌。

　　B. 千秋公園的櫻花與紅葉非常有名，而夏天的睡蓮也毫不遜息！

　　C. 歷時二十分鐘的表演，不只小朋友看得雀躍，大人也可暫時放下日常生活的煩惱，全情投入在歡樂的氣氛之中。

　　D. 小廚師按照自己的喜好，為親手制作的蛋糕加上糖果裝色，活動後更可把蛋糕帶回家，與家人分享。

3. 選出沒有錯別字的句子。

A. 蒲崗村道公園位於九龍鑽石山，公園提供多元化康樂設施，包括人做草地球場、高架單車徑與單車園地。

B. 很多學校推廣各類運動，提供更多機會讓學生發掘興趣，其中三項鐵人運動更直捲學界，吸引許多小學生參加。

C. 有很多報道引證活剝動物的毛皮，才能保持完整，取得品質好的皮草，而很多商人刻意穩瞞皮草的製造過程。

D. 發布文字、搜查資料是由梓謙負責，而永明負責設計，他倆志同道合，更合作無間。

4. 選出沒有錯別字的句子。

A. 視障人士到餐廳用饍困難重重，只能請店員介紹部分餐點，有些餐廳的侍應更拒絕為他們服務。

B. 我們都認同每個人都需要獨處的時間與空間，令我們掙扎的是獨處與孤獨好像是同一件事。

C. 要有健康的人生，優質睡眠必定是重要的原素，然而香港人每日有多少睡眠時間？

D. 酒樓的菜式萬變不離其中，只有那家酒樓打破傳統，嘗試以西式烹調的方法，設計新派廣東菜。

5. 選出沒有錯別字的句子。

　　A. 一年多前，他渾渾噩噩度過了一段日子，後來透過
　　　　禪修找到平靜，並領悟到無法外求的道理。

　　B. 盡管坊間以水果為配料的甜品甚多，但以日本士多
　　　　啤梨為主題的卻非常罕見。

　　C. 博物館佔地一萬平方米，沿着碼頭廷伸至海面，整
　　　　座博物館最矚目的是懸垂屋頂設計，充滿時代感。

　　D. 室內空氣質素與健康息息相關，不少家庭會選購空
　　　　氣清新機，但不同品牌的淨化空氣功能快慢懸殊，
　　　　影響其效果。

6. 選出沒有錯別字的句子。

　　A. 公司已向員工交代董事會的決定。

　　B. 傷者已送往醫院救治，現在情況危怠。

　　C. 要學有所成，就要刻服重重困難，努力學習。

　　D. 你整天只顧玩樂，別罔想會成功考上大學。

7. 選出沒有錯別字的句子。

　　A. 僭建物損害樓宇結構，各業主有責任折除樓宇外的
　　　　僭建部分。

　　B. 經過十年的刻苦經營，公司的業績終於有可觀的增長。

　　C. 我們面對失敗不應怨天由人，反之要檢討失敗的原因。

　　D. 董事局重伸，本年度不會減薪。

8. 選出沒有錯別字的句子。

   A. 今天晚上，地鐵列車延長服務時間至零晨三時。

   B. 他在這時候發表這番言論，真叫人感到莫明奇妙。

   C. 政府決心取締無牌熟食小販。

   D. 服用了這種草藥後，她變得容光煥發。

9. 選出沒有錯別字的句子。

   A. 有意成為香港區總代理者，請與我廠接恰。

   B. 他這種以權謀私的行為，惹來不少市民抨擊。

   C. 山泥傾瀉後，屋宇署已派員到現場實地堪察該幅護土牆。

   D. 業界認為政府應該撤消實施多年的七成按揭上限的規定。

10. 選出有錯別字的句子。

   A. 小明名副其實是一名傑出銷售員，他連續三個月業績為全店之冠。

   B. 這個地方山清水秀，景色十分優美。

   C. 設計師別出新裁，設計新一季的時裝。

   D. 凡事按部就班，才能成功。

11. 選出有錯別字的句子。

A. 一名東莞美少婦前日到一間整容中心進行割雙眼皮及隆胸手術期間離奇死亡,整容醫生及麻醉師見狀雙雙「走佬」。

B. 情人節不少情侶選擇外遊,但非人人都可盡慶而歸。

C. 如乘客在上巴士後發現八達通收費器未能顯示適當車資,請通知車長調較。

D. 藝人小儀所開的拉麵店遭賊人爆竊,失去現金4000元。

12. 選出有錯別字的句子。

A. 商台除了以節目為本,今年還會舉辦多個大型演出活動,包括棟篤笑及大型音樂會。

B. 商台牌照將於今年8月到期,公司管理層表示仍未收到商台續牌通知。

C. 北京市環保局透露,過去兩年,北京的聚焦細顆粒物(PM2.5),年均濃度下降一成。

D. 天水圍嘉湖山莊年廿八雙屍案,警方調查後改列為謀殺、縱火及自殺案。

13. 選出有錯別字的句子。

A. 各大學圖書館設有守則，要求學生於圖書館及課堂等地方保持安靜，關掉手機或調校至靜音模式。

B. 美國兩大黨的初選進行得如火如茶，民主黨兩位參選人希拉莉和桑德斯也競爭激烈。

C. 市建局因應打擊圍標問題，將推出樓宇復修促進服務先導計劃。

D. 香港考試及評核局發生罕見事件，發現過多同校考生獲派同一試場應考，須重新編配試場。

辨識錯別字答案

1. B	正確：	A趨之若鶩；C文武雙全；D潛移默化
2. C	正確：	A猶如；B遜色；D裝飾
3. D	正確：	A人造；B席捲；C隱瞞
4. B	正確：	A用膳；C元素；D其宗
5. D	正確：	A領悟；B儘管；C延伸
6. A	正確：	B危殆；C克服；D妄想
7. B	正確：	A拆除；C怨天尤人；D重申
8. C	正確：	A凌晨；B莫名其妙；D容光煥發
9. B	正確：	A接洽；C勘察；D撤銷
10. C	正確：	別出心裁
11. C	正確：	調校
12. B	正確：	管理層
13. B	正確：	如火如荼

辨識繁體字與簡化字──練習：

1. 請選出下面簡化字錯誤對應繁體字的選項。
   A. 胆→膽
   B. 歼→殲
   C. 进→進
   D. 响→嚮

2. 請選出下面簡化字錯誤對應繁體字的選項。
   A. 护→護
   B. 巩→築
   C. 皱→皺
   D. 垦→墾

3. 請選出下面簡化字錯誤對應繁體字的選項。
   A. 击→擊
   B. 础→礎
   C. 义→儀
   D. 礼→禮

4. 請選出下面簡化字錯誤對應繁體字的選項。
   A. 担→擔
   B. 几→兒
   C. 凭→憑
   D. 网→網

5. 請選出下面簡化字錯誤對應繁體字的選項。

A. 园→園

B. 习→羽

C. 艳→艷

D. 绝→絕

6. 請選出下面繁體字錯誤對應簡化字的選項。

A. 簾→卢

B. 競→竞

C. 巖→岩

D. 橋→桥

7. 請選出下面繁體字錯誤對應簡化字的選項。

A. 頭→头

B. 勤→劝

C. 緻→致

D. 堅→坚

8. 請選出下面繁體字錯誤對應簡化字的選項

A. 萬→万

B. 對→对

C. 廳→厅

D. 亞→亚

9. 請選出下面繁體字錯誤對應簡化字的選項。

   A. 龜→龟

   B. 償→偿

   C. 經→巠

   D. 總→总

10. 請選出下面繁體字錯誤對應簡化字的選項。

   A. 測→测

   B. 注→氵主

   C. 賣→卖

   D. 縣→县

11. 請選出下面簡化字錯誤對應繁體字的選項。

   A. 机树→橙樹

   B. 日历→日曆

   C. 猎物→獵物

   D. 颈项→頸項

12. 請選出下面簡化字錯誤對應繁體字的選項。

   A. 台风→颱風

   B. 赈灭→賑災

   C. 转业→轉業

   D. 蓝调→藍調

13. 請選出下面簡化字錯誤對應繁體字的選項。

A. 奖品→獎品

B. 排场→排場

C. 产地→產地

D. 浓墨→濃墨

14. 請選出下面簡化字錯誤對應繁體字的選項。

A. 伝说→傳説

B. 时报→時報

C. 财政→財政

D. 申请→申請

15. 請選出下面簡化字錯誤對應繁體字的選項。

A. 崔认→確認

B. 股东→股東

C. 姿态→姿態

D. 繁华→繁華

16. 請選出下面簡化字錯誤對應繁體字的選項。

A. 发展→發展

B. 共某→共謀

C. 行动→行動

D. 务实→務實

17. 請選出下面簡化字正確對應繁體字的選項。

    A. 严肃→嚴肅
    B. 莊重→莊重
    C. 繁荣→繁榮
    D. 経济→經濟

18. 請選出下面簡化字正確對應繁體字的選項。

    A. 挙办→舉辦
    B. 打击→打擊
    C. 広东道→廣東道
    D. 化粧品→化妝品

19. 請選出下面簡化字正確對應繁體字的選項。

    A. 斋菜→齋菜
    B. 海浜→海濱
    C. 拍摄→拍攝
    D. 蛍火虫→螢火蟲

20. 請選出下面簡化字正確對應繁體字的選項。

    A. 雑志→雜誌
    B. 滥用→濫用
    C. 烧毁→燒毀
    D. 绳之于法→繩之於法

21. 請選出下面簡化字正確對應繁體字的選項。

   A. 路边→路邊
   B. 清洁→清潔
   C. 面对→面對
   D. 施压→施壓

22. 請選出下面簡化字正確對應繁體字的選項。

   A. 拡阔→擴闊
   B. 芸术→藝術
   C. 冲刺→衝刺
   D. 亲切→親切

23. 請選出下面繁體字錯誤對應簡化字的選項。

   A. 罐裝→缶裝
   B. 懇求→恳求
   C. 觀察→观察
   D. 解釋→解释

24. 請選出下面繁體字錯誤對應簡化字的選項。

   A. 幹勁→干劲
   B. 戀舊→恋旧
   C. 詞彙→词汇
   D. 準備→准备

辨識繁體字與簡化字——練習 答案與解說

1. D 正確：向。解說：誤用「響」的簡化字。

2. B 正確：筑。解說：「巩」為鞏的簡化字。

3. C 正確：仪。解說：誤用「義」的簡化字。

4. B 正確：儿。解說：誤用「幾」的簡化字。

5. B 正確：習。解說：「羽」本無簡化字。

6. A 正確：盧。解說：「簬」沒有簡化。

7. B 正確：勸。解說：「勤」沒有簡化。

8. B 正確：对。解說：誤用日本漢字。

9. C 正確：经。解說：誤用「巠」字為簡化字。

10. B 正確：注。解說：「注」本無簡化字，誤用「註」的簡化字。

11. A 正確：橙树。解說：誤用「機」的簡化字，「橙」沒有簡化字。

12. B 正確：賑災。解說：形近而誤，誤用「滅」的簡化字。

13. A 正確：奖品。解說：「奨」為日本漢字。

14. A 正確：传说。解說：伝説為日本漢字。

15. A 正確：确认。解說：崔字並非簡化字。

16. B 正確：共谋。解說：誤把偏旁「言」刪去。

17. C 解說：A正確：严肃。B正確：庄重。D正確：经济，三項均誤
用日本漢字。

18. B 解說：A正確：举办。C正確：广东道。D正確：化妆品，三項
均誤用日本漢字。

19. C 解説：A正確：斋菜 。B正確： 海滨 。D正確： 萤火虫，三項均
誤用日本漢字。

20. B 解説：A正確：杂志。C正確： 烧毁。D正確： 绳之于法，三項
均誤用日本漢字。

21. B 解説：A正確：路边。C正確： 面对。D正確： 施压，三項均誤
用日本漢字。

22. D 解説：A正確：扩阔。B正確：艺术。C正確：冲刺，三項均誤
用日本漢字。

23. A 正確：罐。解説：「缶」非簡化字。

24. B 正確：恋旧。解説：「恋」是異體字。

（三）句子辨識攻略

● 一般語病

● 邏輯毛病

第三個部分主要考核考生對句子結構與句子邏輯的認識，考卷的題目多是港人常犯的語病，在報章雜誌能輕易找到，甚至自己也是如此書寫，考生難以找出問題所在。

在短時間內，考生難以由基本的現代漢語學習，雖然考試時只須找出那句是錯誤或正確，但非簡單之事。本書會以簡單的方法，讓考生認識各類的語病，並快速找出毛病。

一、一般語病

　　一般語病指的是句子結構出現毛病，而句子結構分為主語、謂語、賓語、定語、狀語和補語。考生要先學習六大結構，再懂得運用，然後才能辨識語病，這過程要花費很長的時間。現在先理解各種語病的特式，從而快速找出毛病所在。

1. 成分殘缺

　　不符合省略的條件而缺少應有的部分，導致語意不明確，或結構不完整。

病句	毛病	問題	修正
在他的管理下，令公司的業務重回軌道。	主語殘缺	「在⋯⋯下」導致欠缺主語。	他的管理令公司的業務重回軌道。
有人會疑問：雀鳥懂得表達情感嗎？	謂語殘缺	「會」與「疑問」之間欠缺動詞。	有人會提出疑問：雀鳥懂得表達情感嗎？
別生氣，誰會接納他。	賓語殘缺	接納他的什麼？	別生氣，誰會接納他的意見。

2. 成分多餘

句子多了某些成分，令語意不清晰。

病句	毛病	問題	修正
他親眼目睹那樁兇案。	謂語多餘	「目睹」即是親眼看見。	他目睹那樁兇案。
這小店得到街坊一致的好口碑。	定語多餘	「口碑」是好的，不會是壞。	這小店得到街坊一致的口碑。

3. 搭配不當

句子的詞彙之間未能互相配合，使句子的意思不明確。

病句	毛病	問題	修正
閱讀可以豐富我們的眼界。	謂語與賓語	「豐富」不可搭配「眼界」。	閱讀可以豐富我們的知識。(或) 閱讀可以擴闊我們的眼界。

4. 語序不當

句子的排列不當，失去了原來的意思。

病句	修正
大型書局明天推出清代新翻印的傳奇小說。	大型書局明天推出新翻印的清代傳奇小說。

5. 用語毛病

句子的排列不當，失去了原來的意思。

病句	毛病	修正
他們的友好令我感動。	詞性誤用	他們的<u>友誼</u>令我感動。
除非他立即離開，我也不會進來。	錯用關聯詞	除非他立即離開，<u>否則</u>我不會進來。

6. 惡性西化

句式受到英文或生硬的譯文影響，令句子不符合漢語的法則或表達習慣，就會形成惡性西化，構成語病。

病句	毛病	修正
這款遊戲有教育性，可啟發孩子的思考。	濫用「性」	這款遊戲有教育意義，可啟發孩子的思考。
那位候選人的知名度很高，相信會有很多選民支持他。	濫用「度」	那位候選人**很有名氣**，相信會有很多選民支持他。
他是全班最高的男生之一。	濫用「最」或「之一」	他是全班最高的男生。
香港是全球最受遊客歡迎的地方之一。		香港是全球受遊客歡迎的地方之一。

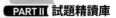

二、邏輯毛病

病句	毛病	問題
我不能否認他不是英雄。	多重否定	「不能否認//他不是」：承認他不是英雄？
他天生神力，相信搬不動那孩子的單車。	自相矛盾	「天生神力」竟然連小小的一部單車會難倒他？
他傳來短訊，告知會遲來大約十分鐘左右。	語意重複	「大約」與「左右」意思一樣。
祖母喜歡逛超級市場，可以慢慢選購新鮮豬肉、冷鮮雞和肉類。	概念分類不當	「肉類」是總類，「新鮮豬肉、冷鮮雞」是子類，兩者非並列關係。
承辦商接到將軍澳屋苑三個商場的工程。	歧異	究竟是分別三個商場均有工程，或是商場內有三項工程？

三、應試攻略

1. 句子特色

　　句子多為長句或複句，如果是長句(即句子只有一個標點符號)，可注意詞性，並刪減字詞；假若句子是複句(即由兩句或以上組合)，則要注意句與句之間的關係，然後才用其他方法來找出語病。

2. 注意詞性

　　審題時，可以特別圈出代詞、動詞和形容詞。欠缺了代詞或動詞，可能出現成分殘缺的問題。動詞或形容詞之間的搭配，可能出現搭配不當、語序不當、成分多餘等問題。

例句：　校方經過多次磋商後，終於釋除了學生會的疑慮和要求。
　　　　（2016年例題）

圈出：　校方經過多次磋商後，終於釋除了學生會的疑慮和要求。

分析：　「釋除」與「疑慮」——正確　「釋除」與「要求」——
　　　　錯誤

3. 注意關聯

　　可留意句子的關鍵詞或連詞，特別是犯邏輯錯誤的句子，這可以影響句子的語意。

例句：　愛好購物的人無論在香港，也不會錯過當地大大小小的商場。

圈出：　愛好購物的人⟨無論⟩在香港，也不會錯過當地大大小小的商場。

分析：　（一般語病）「無論」是有多個條件，如「無論在香港或東京」，或「無論在任何城市」。

例句：　他的十個預測完全準確，只是最後一個有點差誤。

圈出：　他的十個預測完全準確，⟨只是⟩最後一個有點差誤。

分析：　（邏輯毛病）注意前後句兩者的關係，前：完全準確，後：為何「只是……有點差誤」，前後矛盾。

(三) 句子辨識——練習篇

- **一般語病**
- **邏輯毛病**

練習：

選出沒有語病的句子。

1. A. 勸告市民不要污染海港的廣告，是向市民推行環保教育的生動教材。

   B. 現今社會男女平等，女性也享有投票的福利和權利。

   C. 既然不滿對方的說話方式，也不應動粗。

   D. 香港是世界聞名的「東方之珠」，具有無限迷人的魅力。

2. A. 香港律師會質疑驗毒同意書有違國際保護兒童公約，認為成年人不可不尊重兒童的選擇權利。

   B. 生活在城市的人，即使離開城市，才能真正感受到大自然的無窮魅力。

   C. 警方呼告目擊事發經過的市民提供線索。

   D. 港鐵已提供充足服務，應付乘客開學日的需求。

3. A. 慈善團體舉行一連兩日的「與黑暗同桌」的活動，超過百名參與者蒙眼吃飯，認識且體驗盲人的生活。

   B. 福建一帶多山少地，海岸線長，以稻米為主糧，也盛產海鮮，因此閩菜多以海味入饌，配以清淡鮮香。

   C. 燒肉在香港是極受歡迎的食品，店主為了滿足香港人的食慾，特意邀請韓國首席廚師來港烹調正宗韓式燒肉。

   D. 有一項關於「中美兒童道德認識比較」的調查，內容若干涉及有關道德認知問題。

4. A. 大多數人家裡的衣櫥都放滿衣服，款式則大同小異。即使每天穿不一樣的衣服，看起來感覺也十分雷同。

B. 她認真看過這些信後，鄭重地轉給了有關部門，不知道有關部門收到這些信後作出何感想，能不能像影片中那位女法官那樣秉公斷案，盡快解決問題。

C. 日本人用餐有較多規矩，儘管不是每一項規矩都必須遵守，所以我們能夠認識更多日本的餐桌禮儀，日本人會對我們另眼相看。

D. 諾言許下後，是必須實行的，否則便不能算是諾言了。

5. A. 這個修道院外表看來光鮮亮麗，但歷史相當悠久，相傳於1800年由一位外國傳教士興建。

B. 咖啡店近日購入新產地的咖啡豆，更運用淺焙咖啡豆的方法，令咖啡的酸味滲透出來。

C. 《地質災害防治條例》成功地確立了自然因素造成的地質災害，由各級政府負責治理。

D. 「佛跳牆」相傳源自清朝光緒年間，寓意「吉祥如意，福壽相全」之意，故又名「福壽全」。

6. A. 以前可能因為年紀小，　不知道珍惜時間，故此現在我才體會到「一寸光陰一寸金，　寸金難買寸光陰」這句話的真正含義。

B. 新幹線列車不再只是連絡各縣各市的交通工具，更是深受遊客欣賞的觀光點。

C. 食物放入雪櫃冷藏後，會令食物帶有雪味。若要把雪味去除，可以在醃肉前先加入米酒，然後才加入其他調味料。

D. 簡化字與繁體字相比，簡化字的筆劃比較少，因此比較容易書寫。這類筆劃簡省的文字，過去稱為簡體字、減筆字、俗字與手頭字。

7. A. 這本書教育性很高,值得推介給全港小學生,讓他
   們學習如何關心社會。

   B. 她獨自一個人在林間小路上走著,想著,感動著,
   幾乎忘記了一切:已分不清天上淅淅瀝瀝飄灑著的
   是雨還是雪,也不知道自己臉上緩緩流淌著的是水
   還是淚。

   C. 寒山寺原名妙利普明塔院,起建於梁代天監年間,
   在吳縣西十里的楓橋旁,因此又稱楓橋寺。

   D. 那歌手自甘墜落,親手破壞多年來建立的健康形
   象,受歡迎程度下降。

8. A. 日本的料理與西餐近似,大多是每人一份,平民化
   的餐廳只會提供定食,偶爾會有高級的會席料理。

   B. 「漸」的作用,就是用每步相差極微極緩的方法來
   隱蔽時間的過去與事物的變遷的痕跡,使人誤認其
   為恒久不變。

   C. 有哪位老師不希望教好學生?

   D. 陳老闆領導有方,獎罰分明,深得下屬與員工愛
   戴。

9. A. 中階的數碼單鏡反光相機配備全新功能的配件,適
   合攝影愛好者拍攝靜態動作,而且價格相宜。

   B. 他的離開令我們感到非常婉惜。

   C. 老師語重心長的話,同學必定銘記於心,只是偶爾
   會忘記內容。

   D. 美國人在兒童的道德教育方面沒作統一要求,即沒
   有向幼兒灌輸統一的道德價值標準,而中國人在兒
   童的道德教育方面卻是整齊劃一的。

句子辨識練習的答案與解說：

1. D　解説：A惡性西化：前飾太長，改為後飾句：「廣告勸告市民不要污染海港」。B成份多餘：「福利」和「權利」意義相近，故應刪去「福利」。C關聯詞語搭配不當：「既然」改為「即使」。

2. A　解説：B 錯用關聯詞：改為「只有離開城市」。C 搭配不當：改為「警方呼籲」。D 語序不當：「應付開學日的乘客需求」。

3. C　解説：A 成分多餘：刪去「認識」。B成分殘缺：「配以清淡鮮香」的蔬菜？或是什麼？D惡性西化：濫用「有關」，刪去「有關」。

4. A　解説：B惡性西化：濫用萬能動詞「作出」，改為「有什麼感想」。C錯用關聯詞：改為「我們仍能夠認識」。D 搭配不當：改為「是必須履行的」。

5. B　解説：A 搭配不當：改為「這間修道院」。C 惡性西化：濫用「成功地」，既然已確立，何須刻意強調成功？D 成分多餘：刪去「之意」。

6. D　解説：A濫用關聯詞：刪去「故此」。B 搭配不當：「列車」不是景點（觀光點）。C成分多餘：刪去「先」。

7. C　解説：A惡性西化：濫用「性」，改為「這本書具有教育意義」。B 成分多餘：刪去「一個人」。D惡性西化：濫用「度」，可改為「不及以往受歡迎」。

8. B　解説：A自相矛盾：若是「偶爾會有高級的會席料理」，即不是「只會提供定食」。C歧義：究竟是教一班好學生？抑或把學生教好？D語意重複：「下屬」與「員工」是同一意思。

9. D　解説：A自相矛盾：「動作」怎會是「靜態」？B歧義：「離開」是指離開學習、工作的地方，或是離逝？C自相矛盾：如果會忘記，即不是「必定銘記於心」。

(四) 詞句運用攻略

- **詞語運用**
- **句子運用**
- **句子排序**

詞語與句子運用

　　中文運用試的詞句填空選擇題主要考核考生對正確的成語、詞語、短句等的認知能力。為提升考生的應試能力，可從「詞組四維」着手。

一、 第一維：情感色彩

　　「情感色彩」是指褒義詞、貶義詞與中性詞。

　　褒義詞：帶有讚許及肯定的正面意思。

　　貶義詞：帶有批判及否定的負面意思。

　　中性詞：既不帶貶斥，也不帶讚許意思。

　　【例】沙士那年，經濟蕭條，王先生經營的家族生意一落千丈。在艱難的情況下，王先生臨危不亂，經過一番深思熟慮，他_____地決定把公司轉型。最後，公司得以順利渡過難關。

　　填入橫線部份最恰當的一項是：

A. 武斷

B. 判斷

C. 果斷

D. 不斷

分析：

四個答案選項均是形容作決定時的情態，它們的區別在於詞語的情感色彩。「武斷」一詞帶有貶抑之意；「判斷」和「不斷」均為中性詞；「果斷」則為褒義詞，能與句子搭配。

二、第二維：家族譜典

「家族譜典」包括典故、本義、引申義與比喻義。

本義：詞的原本意義。

引申義：從基本義引申出來的意義。

比喻義：由基本義通過比喻而發展出的意義。

【例1】小胖＿＿＿＿＿＿＿＿＿＿＿＿＿，難怪他常被人揶揄為「飯桶」，真是傳神到位啊！

填入橫線部份最恰當的一項是：
A. 只懂盛飯而不會洗碗
B. 只懂吃飯而不會做事
C. 只認識盛飯的容器

D. 身型矮小圓潤

分析：

「飯桶」的基本義是「盛飯的容器」，而其比喻義是泛指那些只懂吃飯而不會做事的一類人，故正確答案為「B.只懂吃飯而不會做事」。

【例2】他倆的交情十分＿＿＿＿＿＿，流言蜚語絲毫未能動搖他們的友誼。

填入橫線部份最恰當的一項是：

A. 深邃

B. 深沉

C. 深入

D. 深厚

分析：

以上四個答案選項都是由「深」這個詞的基本義而發展出的引申義，四者之間的差別雖然微小，但仍是能夠準確區分的。題目的關鍵字眼是「交情」，而能夠形容「交情深」的詞彙選項就只有答案「D.深厚」。

三、 第三維──社交圈子

「社交圈子」有近義詞與反義詞。

近義詞：意思相近的詞，屬同義詞的分支之一。同義詞中數量最多的還是近義詞。

反義詞：意思相反的詞。

【例1】 稍後，張老師將會於早會上＿＿＿＿＿＿＿＿明天全校大旅行的各項細節。

填入橫線部份最恰當的一項是：

A.宣告

B.宣傳

C.宣揚

D.宣布

分析：

在以上的詞語中，「宣告」與「宣布」是近義詞，兩詞之間的差別在於對象，「宣告」具有較為莊嚴的態度色彩，多用於重大的事件上；而「宣布」所涉及的內容則相對上較為微小。「宣傳」與「宣揚」兩者的意思亦較貼近，兩詞之間存在些微的配搭差異，如：「宣揚」搭配「文化」；「宣傳」搭配「產品」。例題中的正確答案應為「D.宣布」。

【例2】本地家務助理的服務收費，受外籍家庭傭工的法定最低工資影響，因為本地家務助理與外籍家庭傭工唇齒相依，＿＿＿＿＿＿＿＿＿＿。

填入橫線部份最恰當的一項是：

A. 雙方儼如好友般互相依靠

B. 彼此憑藉言語來傳遞友誼

C. 當中存在可互相替代的利益關係

D. 兩者的親密程度就像唇和齒般

分析：

根據題目的語境，以及其關鍵詞「唇齒相依」。A、B與D根本不是「唇齒相依」的意思，亦與題中的語境不配，故非答案。正確答案應為「C.大家互為影響」，這既包含了「唇齒相依」的意義，亦切合語境。

句子排序 考試攻略

　　在四大部份，句子排序是考生認為最困難，要用最多時間處理，甚至覺得無從入手，用盡方法也找不到答案。句子之間看似能銜接，但串連一起又不通順。這部份的確要懂得箇中技巧，否則花大量時間仍徒勞無功。考生可以運用以下的三大步驟來極速找出正確的答案。

　　運用三大步驟來快速找出答案

　　步驟一：圈出關聯詞、連詞或標示語，以助排列次序

　　步驟二：按答案排列尋線索

　　步驟三：速讀句子，鎖定答案

　　【例】選出下列句子的正確排列次序。

　　1.減少嬰兒患腸胃炎、肺炎、中耳炎等疾病

　　2.可增強寶寶的免疫力

　　3.母乳餵哺除了對母嬰有好處

　　4.母乳蘊含天然抗體

　　5.也有利於社會及有助環境保育

　　A. 4-3-5-2-1

　　B. 4-2-1-3-5

　　C. 3-4-5-1-2

　　D. 3-2-1-4-5

示範

步驟一：圈出關聯詞、連詞或標示語，以助排列次序

在五項句子，先圈出關聯詞、連詞或標示語，這提示了句子之間的關係。

1.減少嬰兒患腸胃炎、肺炎、中耳炎等疾病
2.可增強寶寶的免疫力
3.母乳餵哺除了對母嬰有好處
4.母乳蘊含天然抗體
5.也有利於社會及有助環境保育

方法：

(1) 「除了」與「也」是關聯詞，次序會是3-5。

(2) 「可」之前會有句子為前設，便要注意什麼「可增強寶寶的免疫力」。以句子的主語，「母乳」最為適合，即3或4會在2之前。

注意：

如果沒有任何關聯詞、連詞或標示語，就要以句子邏輯來判斷。

步驟二：按答案排列尋線索

四個選擇中，以第3、4句為開首，便排除了1、2、5三句。

接着就要注意第二句，能銜接首句與否。

A. 4-3　　4.母乳蘊含天然抗體　3.母乳餵哺除了對母嬰
有好處

分析：甚少機會主語（母乳）會接續出現。

結果：排除A。

B. 4-2　　4.母乳蘊含天然抗體　2.可增強寶寶的免疫力

分析：主語（母乳）可與後句銜接，而且語意通順。

結果：保留B。

C. 3-4　　3.母乳餵哺除了對母嬰有好處　4.母乳蘊含天
然抗體

分析：甚少機會主語（母乳）會接續出現。

結果：排除C。

D. 3-2　　3.母乳餵哺除了對母嬰有好處　2.可增強寶寶
的免疫力。

分析：主語（母乳）可與後句銜接，而且語意通順。

結果：保留D。

總結：B與D機會較大

步驟三：速讀句子，鎖定答案

B. 4-2-1-3-5

4.母乳蘊含天然抗體 2.可增強寶寶的免疫力 1.減少嬰兒患腸胃炎、肺炎、中耳炎等疾病 3.母乳餵哺除了對母嬰有好處 5.也有利於社會及有助環境保育

D. 3-2-1-4-5

3.母乳餵哺除了對母嬰有好處 2.可增強寶寶的免疫力 1.減少嬰兒患腸胃炎、肺炎、中耳炎等疾病 4.母乳蘊含天然抗體 5.也有利於社會及有助環境保育

提示：D的排序把「除了」與「也」分拆了，難以是答案。

答案：B

謹記：
一忌： 先閱讀所有句子，只會浪費時間。
二忌： 忽略句子中的提示，就算根據答案選項的次序找答案，也容易出現誤差。
三忌： 只憑語感去判斷，沒有注意句子的邏輯關聯。

(四) 詞句運用——練習

- **詞語運用**
- **句子運用**
- **句子排序**

詞句運用——練習：

1. 他只有二十出頭，但他的詩作獲不少文評家讚賞，簡直
   是_____，才思敏捷。
   A. 夢筆生花
   B. 木朽不雕
   C. 目眩心花
   D. 風行草靡

2. 這件事牽扯甚廣，不是我們兩人能解決，甚至連校方
   也_____。
   A. 莫衷一是
   B. 砭石無效
   C. 本事不濟
   D. 半籌莫展

3. 師者，傳道、授業、解惑也。古時的知識份子對於恩師都
   十分尊敬，_____的精神幾乎是是每位士子所具備的，
   現今的學生卻已忘記這應有的基品格。
   A. 程門立雪
   B. 苦心孤詣
   C. 多多益善
   D. 流芳百世

4. 仙館屬於道教全真龍門派，秉承全真教歷來珍護中華文教的精神，_____發揚原有高尚的思想與道德，敬天愛民，弘揚九美，不斷提高道教的文化地位；_____不斷豐富道教濟世度人的科儀、道術，以求和光同塵，變通趨時，積極服務社會，為一非牟利的宗教及慈善團體。

    A. 除了、只有
    B. 不但、而且
    C. 因為、所以
    D. 雖然、但是

5. 中環及上環給人的印象是現代化的高樓大廈、生活節奏_____。然而，這個發展逾150年的地區，保留不少歷史悠久的建築物，置身其中，讓人步代變得_____。

    A. 急速、緩慢
    B. 急速、放緩
    C. 快速、緩慢
    D. 快速、放緩

6. 有時候好友相聚，_____也好，_____也好，最重要是能聚在一起。

    A. 安靜、喧鬧
    B. 幽靜、熱鬧
    C. 寧靜、熱鬧
    D. 寧靜、喧鬧

7. 越野跑比長跑更困難，因為不只路段較＿＿＿＿，更需要＿＿＿＿過人。

A. 不平、膽量

B. 崎嶇、膽量

C. 崎嶇、膽識

D. 不平、膽識

8. 宇宙布滿了羅網，任我百般掙扎，努力的追尋，而完整生命＿＿＿＿，最後依然消逝於惡浪，埋葬於塵海之心，自由的靈魂，永遠是夜的奇蹟！在色相人間，只有污穢與殘酷，吁！

A. 有如恆河沙數

B. 猶如鳳毛麟角

C. 只如曇花一現

D. 彷彿寥若晨星

9. 在充滿七情六慾的世界中，人人都喜歡得意而懼怕失意。但＿＿＿＿？

A. 塞翁失馬，焉知非福

B. 塞翁得馬，焉知非禍

C. 屢敗屢戰是不是美德嗎

D. 失敗不是成功之母嗎

10. 中西區值得飽覽的地方多得不能盡錄,西港島線即將通車,這裏未有翻天覆地的變化之前,_____,重溫昔日的情懷吧。

　　A. 來細讀這個中心地帶昔日的歷史

　　B. 來感受這個中心地帶昔日的繁華

　　C. 來感受這個中心地帶的另一面

　　D. 來體驗這個中心地帶昔日的生活

11. 山塘街晚上,高掛在小屋、店舖的紅燈籠亮起,_____,又是一番風味。

　　A. 街道一片燈火通明

　　B. 街道一片通紅

　　C. 街道一片明亮

　　D. 街道一片耀眼

選出下列句子的正確排列次序。

12. 1. 美國獨立戰爭與法國大革命同樣被稱為世界民主浪潮的先聲

　　2. 其中的事例到今天仍可以作為後來爭取民主者的借鑑

　　3. 美國革命的英雄們基於本身對君主制的反感及深受啟蒙思想的薰陶下,從一開始已向民主制度前進

　　4. 比起法國大革命要經過一百年的試驗才稍為確立共和

　　5. 但是所謂的民主是什麼,民主政府又是什麼,卻沒有人說得準

　　A. 3-2-4-1-5

　　B. 1-2-3-4-5

　　C. 1-2-4-3-5

　　D. 3-5-4-2-1

13. 1. 因為並非人人每分每秒都在趕死線

    2. 但如果你總是要求別人去遷就自己

    3. 你不能要求所有人都跟隨你的生活步伐

    4. 那麼就會很難一起相處

    5. 有時別人放慢生活腳步也是理所當然的

    A. 5-3-1-4-2

    B. 5-1-3-2-4

    C. 3-1-5-2-4

    D. 3-5-1-2-4

14. 1. 申請人亦須遵守所有房委會不時訂定的公屋申請政策及程序

    2. 而有關修改將會上載房委會、房屋署網站或透過傳媒報導說明

    3. 房委會有權隨時修改任何規定及申請須知的內容

    4. 申請人可留意報章的報導或瀏覽房委會、房屋署網站作了解

    5. 但不會個別通知申請人

    A. 3-5-2-4-1

    B. 3-2-5-4-1

    C. 4-3-5-1-2

    D. 1-2-3-5-4

15. 1. 雀鳥很容易發現並會飛走

    2. 因這些顏色與大自然的色調不配合

    3. 黑、白兩色也盡量避免

    4. 不要穿色彩鮮艷的衣服

    5. 觀鳥時宜穿綠、啡等色系的衣服

    A. 5-4-3-2-1

    B. 4-3-2-1-5

    C. 4-1-2-3-5

    D. 5-3-4-1-2

16. 1. 把月租四千元以下的居所定為「不適切居所」

    2. 香港大學一項調查

    3. 結果發現全港約有二十萬人「困居」

    4. 其中逾七成人，即約十五萬人住於劏房

    5. 即居於劏房、板間房、天台屋等環境惡劣的居所

    A. 1-5-2-3-4

    B. 2-3-1-4-5

    C. 2-1-3-5-4

    D. 1-3-2-4-5

17. 1. 他把水龍頭扭成水滴

　　2. 為了節省水費

　　3. 甚至跑到大球場的公眾浴室洗澡

　　4. 以免驚動水錶

　　5. 再用桶盛載

　　A. 2-1-5-4-3

　　B. 2-4-1-5-3

　　C. 1-5-3-2-4

　　D. 1-3-5-2-4

18. 1. 在湯水的大千世界裡

　　2. 提到秋天的湯水

　　3. 每年都離不開沙參百合豬肺湯

　　4. 還有很多你所不知道的

　　5. 或栗子海底椰湯

　　A. 1-2-3-5-4

　　B. 2-3-5-1-4

　　C. 1-3-2-5-4

　　D. 1-2-5-4-3

詞句運用答案與解說：

1. A 解說：「夢筆生花」喻文人才思泉湧，文筆富麗。

2. D 解說：「半籌莫展」是指無計可施。

3. A 解說：「程門立雪」用以比喻尊敬師長和虔誠向學。

4. B 解說：前後句是有並列關係。

5. A 解說：據文意應選急速，因為有極其快速之意。加上，生活節奏急速是常見配搭。

6. C 解說：按文意應選寧靜及熱鬧，因為指好友共聚，不論氣氛是安靜平和，還是人群聚集，故喧嘩吵雜，只要大家能聚首一堂就好。

7. C 解說：崎嶇是專指山路艱險峻峭，高低不平。膽量只是指勇氣，膽識則指膽量與識見。

8. C 解說：「生命」只能與「曇花一現」搭配，而且生命不能計算數量，故不能與其他答案配合。

9. A 解說：句子運用轉折詞「但」，故非真正的疑問句，C與D不正確。只有A可與前句構成反意。

10. C 解說：A是指閱讀歷史資料，與句子的內容並不配合。B與C指出「昔日」的生活與景況，現在不可回到過去，更不可再「感受」或「體驗」，故不是正確。

11. B 解說：句中特別指出「紅燈籠亮起」，與B相符，而其他選項只是解作光明。

12. C

13. C

14. B

15. A

16. C

17. A

18. C

PART III 模擬測驗

模擬測驗 一

模擬測驗 一
限時四十五分鐘

（一）閱讀理解

I. 文章閱讀（8題）

《排隊》(節錄) 梁實秋

三人曰眾，古有明訓。所以三個人聚在一起就要擠成一堆。排隊是洋玩藝兒，我們所謂「魚貫而行」都是在極不得已的情形之下所做的動作。《晉書•范汪傳》：「玄冬之月，沔漢乾涸，皆當魚貫而行，推排而進。」水不乾涸誰肯循序而進，雖然魚貫，仍不免於推排。我小時候，在北平有過一段經驗，過年父親常帶我逛廠甸，進入海王村，裡面有舊書舖、古玩舖、玉器攤，以及臨時搭起的幾個茶座兒。我父親如入寶山，圖書、古董都是他所愛好的，盤旋許久，樂此不疲，可是人潮洶湧，越聚越多。等到我們興盡欲返的時候，大門口已經壅塞了。門口只有一個，進也是它，出也是它。而且誰也不理會應靠左邊行，於是大門變成瓶頸，人人自由行動，卡成一團。也有不少人故意起哄，哪裡人多往哪裡擠，因為裡面有的是大姑娘、小媳婦。父親手裡抱了好幾包書，顧不了我。為了免於被人踐踏，我由一位身材高大的員警抱著擠了出來。我從此沒再去過廠甸，直到我自己長大有資格抱著我自己的孩子衝出殺進。

不要以為不守秩序，不排隊是我們的民族性，生活習慣是可

以改的。抗戰勝利後我回到北平，家人告訴我許多敵偽橫行霸道的事跡，其中之一是在前門火車站票房前面常有一名日本警察，手持竹鞭來迴巡視，遇到不排隊就搶先買票的人，就一聲不響高高舉起竹鞭颼的一聲著著實實的抽在他的背上。挨了一鞭之後，他一聲不響的排在隊尾了。前門車站的秩序從此改良許多。

　　洋人排隊另有一套，他們是不拘什麼地方都要排隊。郵局、銀行、劇院無論矣，就是到餐廳進膳，也常要排隊聽候指引——入座。人多了要排隊，兩三個人也要排隊。有一次要吃皮薩餅，看門口隊伍很長，只好另覓食處。為了看古物展覽，我參加過一次兩千人左右的長龍，我到場的時候才有千把人，順著龍頭往下走，拐彎抹角，走了半天才找到龍尾，立定腳跟，不久回頭一看，龍尾又不知伸展得何處去了。我仔細觀察發現了一個秘密：洋人排隊，浪費空間，他們排隊佔用一哩，由我們來排隊大概半哩就足夠。因為他們每個人與另一個人之間通常保持相當距離，沒有肌膚之親，也沒有摩肩接踵之事。我們排隊就親熱得多，緊迫釘人，惟恐脫節，前面人的胳膊肘會戳你的肋骨，後面人噴出的熱氣會輕拂你的脖梗。其緣故之一，大概是我們的人丁太旺而場地太窄。以我們的超級市場而論，實在不夠超級，往往近於

迷你，遇上八折的日子，付款處的長龍擺到貨架裡面去，行不得也。洋人的稅捐處很會優待主顧，設備充分，偶然有七八個人排隊，排得鬆鬆的，龍頭走到櫃檯也有五步六步之遙。辦起事來無左右受夾之煩，也無後顧催迫之感，從從容容，可以減少納稅人胸中許多戾氣。

我們是禮義之邦，君子無所爭，從來沒有鼓勵人爭先恐後之說。很多地方我們都講究揖讓，尤其是幾個朋友走出門口的時候，常不免於拉拉扯扯禮讓了半天，其實魚貫而行也就夠了。我不太明白為什麼到了陌生人聚集在一起的時候，便不肯排隊，而一定要奮不顧身。

我小時候只知道上兵操時才排隊。曾路過大柵欄同仁堂，櫃檯佔兩間門面，顧客經常是裡三層外三層擠得水泄不通，多半是仰慕同仁堂丸散膏丹的大名而來辦貨的鄉巴佬。他們不知排隊猶可說也。奈何數十年後，工業已經起飛，都市中人還不懂得這生活方式中極為重要的一個項目？難道真需要那一條鞭子才行麼？

1. 作者在第一段敘述兒時的經歷，目的是：

    A. 敘述如何擠進一間商店的經過。

    B. 說明不排隊的後果。

    C. 展示在中國擠迫的情況是何等嚴重。

    D. 分析中國人不排隊的心態。

2. 「不要以為不守秩序，不排隊是我們的民族性，生活習慣是可以改的」，根據段意，作者的真正意思是：

    A. 中國人受日本人的欺壓，被迫改變排隊的方式。

    B. 日本人以暴力強迫中國人改變生活習慣。

    C. 日本人教導中國人學懂排隊的意義，令他們知道是必要的行為。

    D. 中國人不是不懂排隊的方法與意義，而是不願意去實行。

3. 下列哪項不是第三段中洋人排隊的特點？

    A. 不需與其他排隊者過份親密，保持令彼此舒適的空間。

    B. 不明文規定要佔用一里作排隊範圍。

    C. 對彼此空間和隱私保持尊重，不過份親密也不會觸碰到對方。

    D. 無論甚麼地方都會排隊。

4. 第三段運用中西比較，作用是：

A. 突顯且嘲弄西方人的排隊方式。

B. 展示且諷刺西方人的排隊方式。

C. 指出且嘲笑中國人的排隊方式。

D. 突顯且諷刺中國人的排隊方式。

5. 第四段指出「我們是禮義之邦，君子無所爭，從來沒有鼓勵人爭先恐後之說」，作者的用意是什麼？

A. 重申中國人講求禮儀，注重禮節，從來不會教導人民離經背道。

B. 諷刺中國人雖講求禮儀，但不會實踐於日常生活。

C. 嘲笑中國人從來不與人爭奪，只會與人爭先恐後。

D. 展示中國人崇高的理想，說明人民無意與人爭鬥。

6. 根據文意，哪一項的描述是正確？

A. 中國人的德育教育只是説一套，做是另一套，甚至要強迫、施壓才會乖乖地遵守、實行。

B. 中國人不注重推行德育，導致人民不懂守禮、排隊，要外人教導才學會守秩序。

C. 中國人不講求禮儀，只追求道德精神的培養，以致人民不理解排隊是重要的。

D. 中國人只重視親人，對於陌生人就不須要理會，導致不願意遵守秩序。

7. 綜合全文，作者的立場是：

A. 同情中國人遭到日本人鞭打。

B. 批評中國人非不懂而是不願排隊的惡習。

C. 認同中國人的排隊方式，批評西方人是矯揉造作。

D. 不滿中國人的排隊方式，推崇西方人的方式。

8. 文中最後對於中國人不懂排隊，其感受是：

A. 感到惋惜，中國人在熟悉的人面前懂得禮讓，但對於陌生人卻不會。

B. 顯出了中國人和洋人的不同，當中文化差異一目了然。

C. 需要鞭策，中國人才會排隊，缺乏自覺。

D. 對中國人不會自發排隊感到可惜，並期待有國人自發性排隊的一天。

II. 片段／語段閱讀（6題）

閱讀文章，根據題目要求選出正確的答案。

9. 說到精神病院與社會的關係，周星馳的《回魂夜》有一個
   很好的詮釋。話說莫文蔚走入去「重光精神病院」找周星
   馳時，她一路遇到的人都是社會上看來「不正常」的人：
   一個疑似學者的人在說愛恩斯坦的相對論是錯的、一個說
   史蒂芬史匹堡致電請教他如何拍朱羅紀公園第四集，然後
   看來最正常的周星馳出來，很理性地跟她解釋世上的神鬼
   之事。可是社會就是很有趣，當一個看來很理性的人在說
   著普通人很難理解及相信的事時，他們就會被定性為瘋
   子。

   最能概括這段文字的意思是：
   A. 人們觸及自己不能理解和確信的事時，會把對方歸
      納為異類。
   B. 世上神秘無解的事可以用理性角度分析。
   C. 《回魂夜》對精神病院與社會的關係有很好的詮
      釋。
   D. 大多數人認為正確的事有很大可能實際上是錯的。

10. 很多人都不知道原來台灣有出產咖啡豆，意想不到的是若沒有這位日本人，就難以品嘗到台灣的咖啡豆。日本人伊藤先生到台灣旅遊，去到阿里山，品嘗了一杯當地的咖啡，既清爽，又帶有茶香。他向咖啡館的店員查問，才知道那是用本土出產的咖啡豆，店員更表示屏東、雲林、台東等地都有種植咖啡豆。為了尋找美味的咖啡豆，伊藤先生遊遍台灣尋找，發現阿里山咖啡最有風味。他甚至決定由日本搬到台北，開設咖啡店售賣阿里山咖啡，向遊客講解當地咖啡的特色。

根據這段話，以下說法正確的是：
A. 台灣竟然有本地種植的咖啡豆。
B. 台灣咖啡竟然與眾不同，大受歡迎。
C. 台灣咖啡竟然是由日本人發揚光大。
D. 日本人竟然欣賞台灣咖啡。

11. 「蘑菇定律」是指初入職場者常常不受重視，接受各種無端的批評、指責、代人受過，得不到必要的指導和提攜，處於自生自滅過程中，就像蘑菇培育時要被澆上大糞一樣。蘑菇生長必須經歷這樣一個過程，人的成長也肯定會經歷這樣一個過程。只有捱過「蘑菇期」，才會熟練地掌握當前工作的操作技能，提升一些為人處世的能力，增強挑戰挫折、失敗的意志，為將來職業的順利發展鋪平道路。

最能概括這段話意思的是：

A. 職場新手要經年累月才能獲得前輩指點與賜教。

B. 職場新手待人處事的成熟程度通常很令人失望。

C. 職場新手往往需要經過一段時間適應和磨合，才能更好地融入工作當中。

D. 職場新手於工作上所面對的困境，猶如培植蘑菇時被強行澆上大糞的情況。

12. 港股此番反彈，不少大行均在事前按技術圖線預測到。瑞士寶盛私人銀行高級證券分析師周雯玲表示，反彈目標為20,244點。交銀香港首席經濟及策略師羅家聰同樣認為在20,300點附近，進一步反彈空間似乎有限，他預測升勢可再維持兩至三天，但熊市方向不變，大跌浪至少維持到第三季，甚至延續至明年。第一上海首席策略分析師葉尚志較樂觀，他相信，在外圍配合下，此輪反彈「延續性強」，後市須留意成交量是否可以保持，可以追入落後的內銀、內險等股份。

根據上文，哪一項描述正確：

A. 大部份分析師認為只要有足夠成交量支持，升市可持續。

B. 大部份分析市認為只要配合外圍因素，升市可持續。

C. 大部份分析師認為升市會持續。

D. 大部份分析師認為升市只是短期現象。

13. 北野天滿宮供奉的是「學問之神」的菅原道真，他像中國的才子，學識豐富但仕途失意，由皇帝近身寵臣淪落至九州鄉下官職，先憤憤不平，後鬱鬱而終，他身故後京都巧合地發生不少災禍，人民認定是天譴遣，便修建北野天滿宮祭慰菅原的亡靈。菅原平生最愛梅花，粉絲百姓便在場內種滿梅花樹共2000多株，每年2月25日（即菅原死忌）更定為梅花祭，從此大批遊客湧來賞梅。

根據上文，下列哪個為正確選項：

A. 中國的才子全都是學問淵博，但仕途失意。

B. 百姓因為菅原道真喜歡梅花，故在天滿宮種梅花。

C. 京都在菅原道真死後出現災禍，是因為其亡靈作祟。

D. 天滿宮只在梅花祭吸引大量遊客到訪。

14. 秋天，無論在什麼地方的秋天，總是好的；可是啊，北國的秋，卻特別地來得清，來得靜，來得悲涼。我的不遠千里，要從杭州趕上青島，更要從青島趕上北平來的理由，也不過想飽嘗一嘗這「秋」，這故都的秋味。在江南，秋當然也是有的；但草木凋得慢，空氣來得潤，天的顏色顯得淡，並且又時常多雨而少風；一個人夾在蘇州上海杭州，或廈門香港廣州的市民中間，渾渾沌沌地過去，只能感到一點點清涼，秋的味，秋的色，秋的意境與姿態，總看不飽，嘗不透，賞玩不到十足。(節錄自郁達夫〈故都的秋〉)

從這段話可看出作者：

A. 指出秋天可愛之處。

B. 比較南方與北方秋天的不同之處。

C. 帶出個人獨愛秋天的主要原因。

D. 表達自己喜歡北方秋天的原因。

（二）字詞辨識（8題）

15. 選出沒有錯別字的句子。

A. 談及宵夜，不其然會想起《深夜食堂》的日本小店舖。

B. 茱麗葉初見羅密歐，晃然大悟，自己對巴里斯並無愛意。

C. 專訪不同範疇的藝術家與作家，分享他們在藝術創作與工作世界的故事。

D. 有連鎖酒樓大集團為後盾，食材貨源較多，定價也相對便宜。

16. 選出沒有錯別字的句子。

A. 職場中不少流言匪語，我們豈能全放在心上？

B. 向前輩請教，有助我們減少重蹈覆轍的機會。

C. 自從生意失敗後，他發奮圖強希望事業能再創高峰。

D. 彌敦道上車輛穿流不息，是香港其中一條最繁忙的街道。

模擬測驗一

17. 選出沒有錯別字的句子。

A. 這間餐廳的燒鵝脾十分好吃，每次經過都要大排長龍。

B. 原來隔壁的李先生有燥狂症，怪不得每次見他都兇巴巴，一言不合就想打人似的。

C. 昨天下午在馬鞍山發生了一宗食物中毒案件，十八個人吃了同店買來的番茄後身體不適送院。

D. 食環署負責巡視持牌的固定小販攤檔，有否於認可地點內擺賣，以及每月視察其他的持牌小販攤檔一次。

18. 選出沒有錯別字的句子。

A. 狗的皮膚比人類薄，如果瀕密洗澡，便會把皮膚上具有保護功能的皮脂層也洗掉，更會破壞皮膚的自我防禦力功能。

B. 四個月前他參加了三項鐵人接力賽，期間不斷服用止痛藥止痛，惟止痛藥治標不治本，藥力漸散，更痛得徹夜難眠。

C. 他制作了一個蕎麥殼枕頭，用以保護自己的頸椎，並可以改善睡眠質素。

D. 香港中樂團致力載培年輕樂手，面試主要考核自選樂曲一首與樂團分譜視奏。

19. 請選出下面繁體字錯誤對應簡化字的選項。

    A. 構 → 构
    B. 慶 → 庆
    C. 綱 → 网
    D. 賜 → 赐

20. 請選出下面簡化字錯誤對應繁體字的選項。

    A. 执 → 執
    B. 夫 → 膚
    C. 阵 → 陣
    D. 昼 → 畫

21. 請選出下面簡化字錯誤對應繁體字的選項。

    A. 废物 → 廢物
    B. 闲情 → 閑情
    C. 权力 → 權力
    D. 会见 → 會見

22. 請選出下面簡化字錯誤對應繁體字的選項。

    A. 造谣生事 → 造謠生事
    B. 劳民傷財 → 劳民伤财
    C. 弹丸之地 → 弹丸之地
    D. 落葉歸根 → 落叶帰根

（三）句子辨識（8題）

選出沒有語病的句子。

23. A. 在香港，經過不到一百年的時間，已由一個小漁村，變成一個大都會。

   B. 沙漠地區的居民對食水很愛惜，無論一點一滴都不願意浪費。

   C. 為偵破那宗棘手的案件，警方用了各種巧妙的方法。

   D. 教育能為國家馴養出大量人才。

24. A. 上屆冠軍西班牙國家隊在今屆世界盃三十二強便出局，成績真是未如理想。

   B. 小明近來正幫助他的老師對香港宗教的發展史進行研究。

   C. 經過了鉛水風波的困擾，使家長不敢讓子女在學校飲用食水。

   D. 中國的名山大川，景緻水秀，山巒綿延，若要用雙足走遍，定要耗時不少。

25. A. 由90後青年創立的網頁，吸引了社福機構的注意，社福機構更邀請他們合作社區藝術計劃，一同以藝術凝聚社區歸屬感。

　　B. 在普天同慶的聖誕節，商場今年運用最雪白之一的羽毛鋪在聖誕樹上，再配以閃爍亮麗的燈光效果，營造氣氛。

　　C. 這次旅程會帶領團友體驗不同的風土人情與當地民情，更可以近距離欣賞喜馬拉雅山的日出，行程非常豐富。

　　D. 雪中泡溫泉是冬季北海道的特色之一，但在冰天雪地的露天溫泉浸泡，並不是每個人都能接受，有些人更難以接受赤身露體走到滿地白雪的露天溫泉。

26. A. 餘暇時能品味一杯幼滑香濃的奶茶，是最好不過的。

　　B. 他天天練習跑步，終於獲得冠軍在運動會。

　　C. 大雨過後，天空出現了一道五顏六色的彩虹。

　　D. 通過閱讀古典名著，使我的寫作能力有了明顯的進步。

27. A. 每逢朋友聚會，她都會帶備幾款益智遊戲，如層層疊、飛行棋、大富翁與棋類遊戲，既有趣味，又可增進友誼。

    B. 李先生直言當時不是沒有想過不要放棄晚間的工作，以為自己年齡尚輕，身體足以應付日夜顛倒的生活。

    C. 最新型號的手機有嶄新的功能，個人合照時可選用八十度的鏡頭，而多人自拍則可選用一百二十度的廣角鏡頭，還內置「美顏」功能。

    D. 日本人認為有神明住在筷子裏面，因此每逢節日，有不少人會供奉筷子神，他們也特別重視進食的禮儀，就如用筷子的動作，就能反映個人的文化水平、性格與德行。

28. A. 我估計警方一定會打擊走私配方奶粉問題。

    B. 貝多芬是古典樂曲界中的國王，他的樂曲深受各階層歡迎。

    C. 他的書籍裏有文學書、歷史書及著名詩人的詩集等。

    D. 火勢太大，這又怎能不讓消防員不皺眉頭呢？

29. A. 乘客不得帶超過25公斤及30公斤的行李上飛機。

 B. 鄭老師一九九八年離開紐約，到香城大學創辦英國文化中心。

 C. 小明說他胃痛的原因可能是早上空肚吃早餐。

 D. 這份建議書值得政府官員和司長級官員參考。

30. A. 暑期末，小明仍未開始做暑期功課，不能不讓家人不操心呢？

 B. 夕陽染紅了天上的雲彩，好不漂亮。

 C. 這幾天下着滂沱大雨，造成他家住的平房因日久失修而大面積漏水。

 D. 小明和家強漸漸地迅速完成功課。

（四）詞句運用（15題）

31. 許多人知道中環嘉咸街街市是香港歷史最悠久的街市，而位於灣仔的露天市集＿＿＿＿＿＿＿，據聞差不多有九十年的歷史，可惜將快面臨重建清拆的命運。

    A. 不可向邇
    B. 不遑多讓
    C. 不甘雌伏
    D. 不容置疑

32. 中西區在香港的今昔歲月裏，有着獨特的地位。西區是香港歷史＿＿＿＿＿＿＿、＿＿＿＿＿＿＿特色的地區之一，承着臨近海港西面的進出口航道之便，多年來貨運貿易均非常發達，停泊的貨船數以百計。

    A. 最古老、最富陳年
    B. 最時尚、最富典雅
    C. 最悠久、最富傳統
    D. 最古典、最富歷史

33. 這間店鋪＿＿＿＿＿＿＿簡單，焦點盡落於一塊大玻璃後的廚房。

    A. 裝潢
    B. 裝修
    C. 裝飾
    D. 裝置

34. 貓每天的生活就是吃睡玩，牠們的 _____ 與人類_____的思想行為，形成了強烈的對比，我的創作以貓為主，就是希望喚醒我們的赤子之心。

A. 純潔、繁複

B. 單純、複雜

C. 純粹、繁瑣

D. 單調、龐雜

35. 你希望完成半馬拉松的賽事，但卻只會閱讀與跑步相關的書籍，可説是_____。

A. 緣木求魚

B. 郢書燕説

C. 刻舟求劍

D. 守株待兔

36. 我們知道了每樣食材是經過繁瑣的工序而提煉出來，才能製造一粒手工糖果，可謂彌足珍貴，_____。

A. 令我們更瞭解糖果的製作過程

B. 令我們更要細味那顆得來不易的糖果

C. 令我們更要回味糖果的特別味道

D. 令我們更注意糖果的外型與包裝

37. 清政府為了挽救國勢，＿＿＿＿＿＿＿＿。立憲派努力推動清室推行君主立憲，革命黨人則努力地進行起義。

    A. 努力嘗試了各種方式改革

    B. 加強平定內患

    C. 卻不太理會人民的情況

    D. 加緊努力粉飾太平

38. 澳洲的塔斯馬尼亞（Tasmania）並不是香港人的熱門旅遊點，＿＿＿＿＿＿＿，特別在西北部偏遠地區，更少機會跟「自己人」碰上。

    A. 故到當地旅遊十分不便

    B. 故到當地旅遊不會聽到熟悉的語言

    C. 故到當地旅遊會受歧視

    D. 故到當地旅遊能見到不少野生動物

39. 有關當局亦可以協助露宿者參加就業訓練課程，＿＿＿＿＿＿，以尋找工作，解決溫飽和生計問題。

    A. 提升學術水平

    B. 提升生產力

    C. 提升競爭力

    D. 提高就業率

40. 近年，香港的節日已變成商業的活動，_____，是商人為了增加營利，或是港人喜歡購物，抑或是節日在港人的心目中早已變得毫無意義？我們實在難以判斷。

   A. 究其原因
   B. 這是無法想像的事情
   C. 我們可以推斷
   D. 我們可以嘗試歸納

選出下列句子的正確排列次序。

41. 1. 美國獨立戰爭與法國大革命同樣被稱為世界民主浪潮的先聲

   2. 其中的事例到今天仍可以作為後來爭取民主者的借鑑

   3. 美國革命的英雄們基於本身對君主制的反感及深受啟蒙思想的薰陶下，從一開始已向民主制度前進

   4. 比起法國大革命要經過一百年的試驗才稍為確立共和

   5. 但是所謂的民主是什麼，民主政府又是什麼，卻沒有人說得準

   A. 3-2-4-1-5
   B. 1-2-3-4-5
   C. 1-2-4-3-5
   D. 3-5-4-2-1

42. 1. 災民內心百感交集

2. 仍有1萬人為避難遠走他鄉

3. 地震發生了5年

4. 明年這批村民終回家有望

5. 災民要決擇是否回鄉

A. 3-2-1-4-5

B. 3-1-2-5-4

C. 3-4-1-2-5

D. 3-2-4-1-5

43. 1. 以及他們父母的照片

2. 技術原本是用於辨認恐怖分子

3. 讓系統分析容貌與年齡及父母樣貌的關係

4. 於是嘗試在數據庫中存入數百張不同人士在不同年齡的照片

5. 能準確推斷失蹤人士年長後的模樣

A. 3-4-1-2-5

B. 2-4-1-3-5

C. 2-5-4-1-3

D. 5-4-3-1-2

44. 1. 它能夠使中國的防線向外推前至遠離陸地的範圍
    2. 一支強大的海軍對於中國的國防是必須的
    3. 站在國防戰略的層面來看，其海疆亦是十分重要
    4. 中國所控制的海域，即使不計其海洋的經濟價值
    5. 加大中國的國防戰略縱深

    A. 1-3-2-4-5
    B. 3-1-5-2-4
    C. 2-1-5-4-3
    D. 4-3-2-1-5

45. 1. 那麼，你可有知己？
    2. 不獨人也
    3. 天下有一人知己
    4. 可以不恨
    5. 物亦有之

    A. 3-4-2-5-1
    B. 1-5-2-3-4
    C. 3-5-2-1-4
    D. 1-3-2-4-5

模擬測驗一：答案與解説

（一）閱讀理解

I. 文章閱讀

1. C　解説：文章開首已表達「聚在一起就要擠成一堆」，作者更以此
經歷突顯情況。

2. D　解説：第二段以抗戰時的例子，來表達經過武力的調教，中國人
會自動排隊。

3. B　解説：其餘三項文中都有描述，唯獨B沒有提及。

4. D　解説：作者以幽默的手法，表面嘲笑洋人的排隊方式，實際是肯
定的他們的做法，以反襯中國人可笑的排隊方法。

5. B　解説：此句為反話，根據全文之意，作者是一直批判中國人的陋
習，而且不是純粹嘲笑。

6. A　解説：那是文章的主旨。

7. B　解説：作者是不滿中國人不守秩序，但非抑己揚人。

8. B　解説：文中最後以日治的情況來收結，用以突顯中國人與外人的
文化差異。

II. 片段／語段閱讀

9. A　解説：文中沒有提及B的內容。C只是用作引入話題。文中沒有
涉及事情的對與錯的討論，D也不是答案。

10. C　解説：台灣出產的咖啡豆是由伊藤推廣，並「向遊客講解」，故
答案是C。

11. C　解説：後文才是重心，帶出了C的意思。

12. D　解説：三位分析師均提及「反彈」，而前兩位認為只是短暫的情
況。

13. B　解說：文中沒有提及A或C的內容。原文雖有提及梅花祭能吸引
　　　　遊客來賞梅花，但非「只在」祭典時才吸引遊客，故也非D。

14. D　解說：作者認為秋天是可愛，但此意非全文的重心，故A不正
確。B只是例子，以突出北方秋天的「好」。作者愛秋天，但文中指出
是北方的秋天，不是解釋獨愛秋天的原因，C也不正確。

（二）字詞辨識

15. C　正確：A. 不期然；B. 恍然大悟；D. 食材

16. B　正確：A流言蜚語；C發憤圖強；D川流不息

17. D　正確：A. 燒鵝髀；B. 躁狂症；C. 蕃茄

18. B　正確：A. 頻密；C. 製作；D. 栽培

19. C　正確：網。解說：「綱」的簡化字為「纲」。

20. B　正確：肤。解說：自創簡化字。

21. A　正確：廢物。解說：「廃」是日本漢字。

22. D　正確：落叶归根。解說：「帰」是日本漢字。

（三）句子辨識

23. C　解說：A成份殘缺：以介詞「在」字作開頭，以致句子沒有主
　　　　語。B關聯詞語誤用：改為「即使一點一滴……」。D詞類誤
　　　　用：改為「為國家培養……」。

24. D　解說：A配搭不當：「成績真是強差人意」。B惡性西化：改為
　　　　「……研究香港宗教的發展史」。C成份殘缺：刪去「使」，讓
　　　　「家長」成為主語。

25. D　解說：A成分殘缺：改為「更邀請他們合作設計社區藝術計劃」
　　　　。B惡性西化：濫用「最」。C成分多餘：刪去「當地民情」。

26. A　解說：B語序不當：改為「終於在運動會獲得冠軍」。C成分多
　　　　餘：刪去「五顏六色」。D成分殘缺：刪去「使」，讓「我」成
　　　　為主語。

27. D　解說：A概念分類不當：「如波子棋、飛行棋、大富翁與棋類遊

戲」，把母類與子類並列。B多重否定：「<u>不是沒有想過不要放</u><u>棄晚間的工作</u>」，連用三個否定的詞彙。C自相矛盾：「個人合照」是一個人或是多於一個人拍照？

28. B 解説：A自相矛盾：「估計」就不會「一定」。C概念分類不當：文學書已包含著名詩人的詩集。D多重否定：用上多重否定加反問，意思混亂。

29. B 解説：A概念分類不當。改為「乘容不得帶超過30公斤」。C邏輯概念不當：早餐指每天睡醒第一餐，自然是空肚。D概念分類分類不當：政府官員已包含司長級官員。

30. B 解説：A多重否定：「<u>不能不讓家人不操心呢</u>」。C句式雜糅：下大雨和日久失修兩個引致漏水的原因雜糅在一起。D自相矛盾：「漸漸地」與「迅速」存在矛盾。

（四）詞句運用

31. B 解説：「不遑多讓」意為不用多作謙讓，引伸為兩座建築物均具有歷史價值，無分高低。

32. C 解説：前文敘述歷史，只有「悠久」才能搭配。

33. A 解説：裝潢除布置、裝飾之意之，更有室內的設計或擺設之意。

34. B 解説：只有「單純、複雜」才可與「思想行為」搭配。

35. A 解説：「緣木求魚」是比喻用錯方法，徒勞無功。

36. B 解説：前句已説明我們知道那工序，故A重複了此意。C與D是與「工序」不搭配。

37. A 解説：第二句強調改革，故只有A是答案。

38. B 解説：句子強調該地難以遇上「同鄉」。

39. C 解説：原文指的是「個人問題」，B與C並不能令露宿者改善生活問題。C的「競爭力」可包括增加學識，也令文章更達意。

40. A 解説：B是與後文的內容不符。C與D要連接答案，但原文是疑問句，互相不能搭配。

41. C　42. D　　43. B　　44. D　　45. A

模擬測驗 二
限時四十五分鐘

模擬測驗二

（一）閱讀理解
I. 文章閱讀（8題）

《我的母親》(節錄) 老舍

母親生在農家，所以勤儉誠實，身體也好。這一點事實卻極重要，因為假若我沒有這樣的一位母親，我以為我恐怕也就要大大的打個折扣了。母親出嫁大概是很早，因為我的大姐現在已是六十多歲的老太婆，而我的大外甥女還長我一歲啊。我有三個哥哥，四個姐姐，但能長大成人的，只有大姐，二姐，三姐，三哥與我。我是「老」兒子。生我的時候，母親已有四十一歲，大姐二姐已都出了閣。

由大姐與二姐所嫁入的家庭來推斷，在我生下之前，我的家裏，大概還馬馬虎虎的過得去。那時候定婚講究門當戶對，而大姐丈是作小官的，二姐丈也開過一間酒館，他們都是相當體面的人。

可是，我，我給家庭帶來了不幸：我生下來，母親暈過去半夜，才睜眼看見她的老兒子——感謝大姐，把我揣在懷中，致未凍死。

一歲半，我把父親「剋」死了。

兄不到十歲，三姐十二、三歲，我才一歲半，全仗母親獨力撫養了。父親的寡姐跟我們一塊兒住，她吸鴉片，她喜摸紙牌，她的脾氣極壞。為我們的衣食，母親要給人家洗衣服，縫補或裁縫衣裳。在我的記憶中，她的手終年是鮮紅微腫的。白天，她洗衣服，洗一兩大綠瓦盆。她作事永遠絲毫也不敷衍，就是屠戶們送來的黑如鐵的布襪，她也給洗得雪白。晚間，她與三姐抱著一盞油燈，還要縫補衣服，一直到半夜。她終年沒有休息，可是在忙碌中她還把院子屋中收拾得清清爽爽。桌椅都是舊的，櫃門的銅活久已殘缺不全，可是她的手老使破桌面上沒有塵土，殘破的銅活發著光。院中，父親遺留下的幾盆石榴與夾竹桃，永遠會得到應有的澆灌與愛護，年年夏天開許多花。

哥哥似乎沒有同我玩耍過。有時候，他去讀書；有時候，他去學徒；有時候，他也去賣花生或櫻桃之類的小東西。母親含著淚把他送走，不到兩天，又含著淚接他回來。我不明白這都是什麼事，而只覺得與他很生疏。與母親相依為命的是我與三姐。因此，她們作事，我老在後面跟著。她們澆花，我也張羅著取水；她們掃地，我就撮土……從這裡，我學得了愛花，愛清潔，守秩序。這些習慣至今還被我保存著。

　　有客人來，無論手中怎麼窘，母親也要設法弄一點東西去款待。舅父與表哥們往往是自己掏錢買酒肉食。這使她臉上羞得飛紅，可是殷勤的給他們溫酒作面，又給她一些喜悦。遇上親友家中有喜喪事，母親必把大褂洗得乾乾淨淨，親自去賀吊——份禮也許只是兩吊小錢。到如今如我的好客的習性，還未全改，儘管生活是這麼清苦，因為自幼兒看慣了的事情是不易改掉的。

　　姑母常鬧脾氣。她單在雞蛋裏找骨頭。她是我家中的閻王。直到我入了中學，她才死去，我可是沒有看見母親反抗過。「沒受過婆婆的氣，還不受大姑子的嗎？命當如此！」母親在非解釋一下不足以平服別人的時候，才這樣説。是的，命當如此。母親活到老，窮到老，辛苦到老，全是命當如此。她最會吃虧。給親友鄰居幫忙，她總跑在前面：她會給嬰兒洗三——窮朋友們可以因此少花一筆「請姥姥」錢——她會刮痧，她會給孩子們剃頭，她會給少婦們絞臉……凡是她能作的，都有求必應。但是吵嘴打架，永遠沒有她。她寧吃虧，不逗氣。當姑母死去的時候，母親似乎把一世的委屈都哭了出來，一直哭到墳地。不知道哪來的一位侄子，聲稱有承繼權，母親便一聲不響，教他搬走那些破桌子爛板凳，而且把姑母養的一隻肥母雞也送給他。

　　可是，母親並不軟弱。父親死在庚子鬧「拳」的那一年。聯軍入城，挨家搜索財物雞鴨，我們被搜兩次。母親拉著哥哥與三姐坐在牆根，等著「鬼子」進門，街門是開著的。「鬼子」進門，一刺刀先把老黃狗刺死，而後入室搜索。他們走後，母親把破衣箱搬起，才發現了我。假若箱子不空，我早就被壓死了。皇上跑了，丈夫死了，鬼子來了，滿城是血光火焰，可是母親不怕，她要在刺刀下，饑荒中，保護著兒女。北平有多少變亂啊，有時候兵變了，街市整條的燒起，火團落在我們院中。有時候內戰了，城門緊閉，鋪店關門，晝夜響著槍炮。這驚恐，這緊張，再加上一家飲食的籌劃，兒女安全的顧慮，豈是一個軟弱的老寡婦所能受得起的？可是，在這種時候，母親的心橫起來，她不慌不哭，要從無辦法中想出辦法來。她的淚會往心中落！這點軟而硬的個性，也傳給了我。我對一切人與事，都取和平的態度，把吃虧看作當然的。但是，在作人上，我有一定的宗旨與基本的法則，什麼事都可將就，而不能超過自己劃好的界限。

1. 第一段中為甚麼作者稱自己為「老」兒子？

   A. 因為我是孻子。

   B. 因為我是父母年老時所得的兒子。

   C. 因為我是父母盼了很久才生下的兒子。

   D. 因為我是母親難產後才得的兒子。

2. 作者在第一段提及母親的出身，這對文章有甚麼作用？

   A. 打動讀者。

   B. 引起讀者閱讀興趣。

   C. 引發讀者反思。

   D. 點出人物個性。

3. 為甚麼作者說，我為「為家中帶來不幸」？

   1. 母親因為難產而休克

   2. 父親在他出生後不久離世

   3. 姐姐的夫家因為「我」而家道中落

   4. 哥哥因為「我」的出生未能上學

   A. 1, 3

   B. 2, 4

   C. 1, 2

   D. 1, 4

4. 文中那一件事件能見出母親愛整潔的個性？

   A. 她將衣服洗得乾乾淨淨。
   B. 她就將家中打掃得一塵不染。
   C. 她將父親的花打理妥當。
   D. 她不讓三姐幫忙洗衣服。

5. 為甚麼我和哥哥的關係沒那麼親密？

   A. 因為哥哥經常不在家。
   B. 因為哥哥年紀比我大許多。
   C. 因為哥哥不喜歡我。
   D. 因為哥哥妒忌我能親近母親。

6. 作者在第9段提及姑母死後，一位姪子來取回姑母的遺物，憶述這段往事展示了母親的何種性格？

   A. 平易近人的性格。
   B. 不怕吃虧的性格。
   C. 與世無爭的性格。
   D. 不貪小利的性格。

7. 下列哪些事件不是表現「母親並不軟弱」的性格？

A. 獨力維持家計。

B. 在戰亂中保護兒女。

C. 對姑母忍讓。

D. 在飢荒中為家人張羅飲食。

8. 總結全文，下列那一種不是作者受母親影響的性格？

A. 肯吃虧

B. 處事有原則

C. 好客

D. 愛整潔

II. 片段／語段閱讀（6題）

閱讀文章，根據題目要求選出正確的答案。

9. 不少父母都會在睡前給孩子説故事，助他們睡得更安隱。美國哈佛大學的研究人員針對父母説故事的幼兒語言能力進行長達一年的研究，結果發現由男性説故事，幼兒尤其是女孩子的表現比較專注，而且更能培養他們的語言能力。研究人員杜絲瑪解釋男性和女性説故事的方式不同，女性傾向像老師一般，提問內容實際的問題。相反，男性則傾向發問抽象的問題，這有助啟發孩子的思考和想像力，使他們有更多動腦筋的機會，對其語言發展很有幫助，而且更可增加他們的字彙，提升學習能力。

這段話帶出的主要訊息是：
A. 父親説故事的效果較好。
B. 母親説故事的技巧比父親好。
C. 只有説故事，孩子才能安睡。
D. 透過故事，孩子才能學習説話。

10. 九龍西聯網眼科部門主管阮燕芬表示，青光眼患者一般要接受2至4種藥物治療，但易致敏感、影響血壓等副作用，嚴重者最終要施手術。該院2014年6月率先引進MLT技術，至今已有69名15至79歲的開角青光眼病人接受治療。院方為其中48名病例分析顯示，患者的眼壓平均下降19.5%，用藥量亦平均減21.4%，且沒有病人需接受青光眼手術。

根據上文，下列那一項描述是正確的：

A. MLT技術只適用於15至79歲的病人。

B. MLT 技術比傳統治療青光眼的方法效果更佳。

C. 只有48人在接受MLT治療後完全康復。

D. 現時MLT投術已全面取締傳統治療方法。

11. 「人格面具」是心理學大師榮格的精神分析理論之一。它是指一個人公開展示自己的一面，其目的在於給人一個好的印象，以得到社會的承認，保證能夠與人，甚至與不喜歡的人和睦相處，實現個人目的。人格面具是社會生活和公共生活的基礎，其產生不僅是為了認識社會，更是為了尋求社會認同。人格面具在人格中的作用既可能是有利的，也可能是有害的。如果一個人過分地熱衷和沉湎於自己扮演的角色，自己將僅僅認同於所扮演的角色，人格的其他方面就會受到排斥。

對這段話，理解準確的是：

A. 人格面具的產生足以證明人性本惡。

B. 人格面具是與討厭的人和睦相處的唯一竅門。

C. 人格面具是一人分飾多角的最佳練習方法。

D. 人格面具的應用於個人與社會均有裨益。

12. 日本2016年度稅制改革大綱中，其中一項提出夫婦若是為了與父母同住而裝修房子，可獲得稅務優惠，房屋貸款餘額中的1%至2%可以分5年從個人所得稅中扣除，最高可扣除約港元64萬，或按標準住屋施工費的10%從所得稅中扣除。日本政府鼓勵三代人同住，此舉可以讓祖父母幫忙照顧嬰孩，減輕母親的壓力，增加她們重投職業的誘因。另外，育兒的醫療或不育治療費用最高可免稅1000萬日圓，而不育治療及產後體檢的費用也將納入免稅範圍內。

根據這段話，文章的重點是：

A. 日本政府減輕稅務目的是期望年輕一代照顧父母。

B. 日本政府減輕稅務原因是希望婦女出來工作。

C. 日本政府提供稅務優惠目的是鼓勵日本人三代同堂

D. 日本政府提供稅務優惠主因是鼓勵日本人生兒育女

13. 往山腰一直走，由西區般咸道，到中環荷李活道，不是具
　　百多年歷史的紅磚頭，就是有幾十年光景的數層高的舊
　　樓。街道兩旁是食肆、雜貨店、工藝品店等並不起眼的店
　　舖，少有大型連鎖店。樸素的街景，彷彿回到幾十年前「
　　老香港」的風貌。隨着時代的發展，香港很多舊區已被重
　　建，到處都是簇新的高樓大廈，但位處香港心臟地帶的中
　　西區，很多舊建築反而可保存下來，或許因為這裏地勢較
　　高，較難作大規模發展，所以多年來仍保留舊城的風貌。

　　根據這段話下列正確的說法是：

　　A. 中西區保留不少舊建築的原因。

　　B. 中西區舊建築只在般咸道及荷李活道一帶找到。

　　C. 中西區得未能發展的原因。

　　D. 中西區沒有大型連鎖店的原因。

14. 「沉沒成本」是指由於過去的決策已經發生了，而不能由現在或將來的任何決策改變的成本。「沉沒成本謬誤」是指人們在判斷是否要做一件事情的時候，實際上只應該考慮兩個因素：「它將給你帶來多少好處」和「你需要為它付出多大成本」。但是，很多人還是習慣於把之前已經為這件事做過的投入也考慮進來——雖然這些投入不管是對是錯，都是不可能再收回的了。

    根據這段話，可以得出的結論是：

    A. 過去的決策倘有謬誤，未來的決策也可改變其沉沒的成本。

    B. 在判斷是否要做一件事情時，應把之前已為這件事所付出的因素也考慮。

    C. 「沉沒成本」是指不可能再收回的成本，不管對或錯。

    D. 「沉沒成本謬誤」專指過去曾為事件所做過的錯誤投入。

（二）字詞辨識（8題）

15. 選出沒有錯別字的句子。

    A. 裁員的謠言不徑而走，引起職員恐慌。
    B. 只有少數公司選擇在經濟不景時大張旗鼓。
    C. 如果只是默守成規，公司業績難有突破。
    D. 這個活動因缺乏宣傳，參加人數廖廖無幾。

16. 選出沒有錯別字的句子。

    A. 政府忠告市民，吸煙危害健康。
    B. 近來社會危機不斷增加，決策者理應好好商討一下應兌方法。
    C. 暴力不能解決任何問題，唯有協商才是正塗。
    D. 天將降大任於私人也，必先勞其筋骨，餓其體膚。

17. 選出沒有錯別字的句子。

    A. 這位書法家的造藝極高，所以一字值千金。
    B. 商場內人山人海，是否有特別節目？
    C. 老板正為資金周轉問題大傷惱筋。
    D. 這座教堂從開始興建至完工，歷時100年。

18. 選出沒有錯別字的句子。

    A. 大地魚香氣撲鼻，魚湯清轍醇和，配以麵條爽口富彈性，令人食指大動。

    B. 他的健康嚮起警號，眼科醫生發現她有黃斑點病變，雖然沒有明確告知病因，但她相信與壓力有關。

    C. 為了鼓勵香港新晉編舞家，香港芭蕾舞團明年以本土為題，舉行大型巡禮，提供平台予編舞家發揮才華。

    D. 我籍着繪畫得到心靈上的平靜，希望欣賞我作品的人也感受到愛和溫暖，找到活着的意義。

19. 請選出下面繁體字錯誤對應簡化字的選項。

    A. 魚類 →鱼类

    B. 點心 →点心

    C. 艦隻 →舰隻

    D. 雞蛋 →鸡蛋

20. 請選出下面簡化字錯誤對應繁體字的選項。

    A. 压 →厭

    B. 马 →馬

    C. 爱 →愛

    D. 龙 →龍

21. 請選出下面繁體字錯誤對應簡化字的選項。

　　A. 擬 → 拟

　　B. 欄 → 栏

　　C. 凱 → 凯

　　D. 曉 → 晀

22. 請選出下面簡化字錯誤對應繁體字的選項。

　　A. 齐心合力 → 齊心合力

　　B. 纟毫无损 → 絲毫無損

　　C. 强弱悬殊 → 強弱懸殊

　　D. 价廉物美 → 價廉物美

（三）句子辨識（8題）

選出沒有語病的句子。

23. A. 李小龍把奸人堅怎樣對付？

    B. 窗外的花圃花團錦簇，唯有白牡丹一枝獨秀。

    C. 一想到他取笑人的説話，就使我很生氣。

    D. 香港文化博物館展出了4000年前新出土的甲骨文。

24. A. 社區重建後，小販市集遠離民居，而且店舖租金比以往多，到底重建是　以街坊為本？這是不言而喻的事情。

    B. 喝一口普洱茶，我就會想起小時候與外公、外婆到舊式茶樓，一盅兩件，茶與點心彷彿像是天造地設的一對，兩者的味道融合，有一種筆墨難以形容的快感。

    C. 走進屋內，或許你的反應是：究竟有什麼特別？仔細一看，便會發現處處乍現特別的色調配搭。

    D. 全球暖化導致天氣反常，連場暴雨誘發嚴重的山泥傾瀉，回想70年代的三宗致命的山泥傾瀉，仍餘悸猶存。

25. A. 這個廣告推出後，產品銷售量不斷提升。

    B. 太行山和王屋山位於冀州南部和河陽北部的地方。

    C. 我度過開心又愉快的中學生活。

    D. 翻看舊照片，我才回憶小時候的趣事。

26. A. 不時不食是古人的飲食智慧，也是近年流行的綠色
       生活的基本法則，多吃時令蔬果對我們的身體更有
       妙不可言的功效。

    B. 海洋劇場就像是歡樂、喜悅的代名詞，不論是小朋
       友，只要一見到海洋生物的演出，都會笑逐顏開。

    C. 學校的環境營造了自信氛圍，學生會積極參與活
       動，上課時又會敢於發言，回答老師的提問。

    D. 在日本，製作煙花的人被稱為花火師，是負責設計
       和製作花火炮彈。

27. A. 林峯早前失落首屆民選視帝後，盛傳他心灰意冷想
       離巢離開無綫。

    B. 身上有傷口，切忌不要下水。

    C. 有學校考生的試場分配出現問題，考評局決定重印
       所有學校考生的准考證。

    D. 在博物館裏藏有不少珍貴文物。

28. A. 請勿在地鐵範圍飲食、進行商業販賣及非法活動。

    B. 噴射船迅速地慢慢靠岸。

    C. 我認為任達華、劉德華、林嘉華、黃子華……都是
       香港最好的演員。

    D. 今年進入本校社會科學院的新生與女學生，大多是
       入讀社會學系的。

29. A. 沉迷電子產品一定可能加深近視和損害眼睛結構，香港眼科醫學院建議幼兒減少每天使用電子產品的時數。

    B. 威尼斯的玻璃藝術已有千年歷史，而穆拉諾島的玻璃器物更是聞名於世，成為威尼斯的國寶，也是首選的外交禮物。

    C. 拉弦聲部有高胡、二胡與樂器，在香港懂革胡的樂手不多，故此我們用大提琴或低音大提琴去取替，這是樂團的新嘗試。

    D. 這小店主要售賣的海味乾貨，深受街坊歡迎，贏盡口碑，可見小店獲得不少人的愛戴。

30. A. 今天是畢業禮的日子，全校師生已齊集禮堂，只欠張老師還沒來到。

    B. 這間餐廳開業不久已吸引大批食客光顧。

    C. 海洋裏生長着各種生物和魚類。

    D. 交流團給我很大的幫助，我認為把旅遊和學習結合起來是它突出的優點。

（四）詞句運用（15題）

31. 「盧廉若公園」為清同治期間，富商盧華紹（盧九）購地而建。盧九購得田地後，花園初時的規模還是很小，_____其長子盧廉若，於1925年大興土木，聘請專人設計，按蘇州名園風格構築園林建成，盧園成為一時無兩的私家花園。

    A. 不但
    B. 可是
    C. 直至
    D. 雖然

32. 南漢山城_____，剛於今年6月下旬入了世界文化遺產。

    A. 大名鼎鼎
    B. 大筆如椽
    C. 大張旗鼓
    D. 大有來頭

33. 玩具對小孩具有_____作用，一些益智的玩具能_____孩子的想像力，更能提升創意。

    A. 啟發、培訓
    B. 啟發、陶冶
    C. 啟蒙、訓練
    D. 啟蒙、磨練

34. 1835年大火燒毀了聖保祿學院及其附屬的教堂，僅剩下教堂的正面前壁、地基以及教堂前的石階。自此，這便成為世界聞名的聖保祿教堂遺址。人們將之稱為大三巴牌坊。這座中西合璧的石壁在全世界的天主教教堂中是＿＿＿＿＿＿的。

    A. 獨力難支

    B. 獨一無二

    C. 得天獨厚

    D. 獨步天下

35. 守時是美德，也是基本的禮貌，有些人認為＿＿＿＿＿＿遲到是無傷大雅，以為在約會前半小時通知對方，就會得到別人的＿＿＿＿＿＿。

    A. 偶爾、諒解

    B. 偶或、包容

    C. 鮮少、包涵

    D. 少間、體諒

36. 在全球化的時代，訊息萬變，我們不能墨守成規，否則＿＿＿＿＿＿。

    A. 只會慢慢等死

    B. 會被時代淘汰

    C. 會追不上潮流

    D. 會給人看不起

37. 和平非暴力，_____，在這種示威文化下，根木沒有必要立法禁止蒙面。

    A. 本來是香港的街頭抗爭特色
    B. 本來是香港街頭抗爭的傳統
    C. 本來是香港街抗爭的普遍情況
    D. 本來是香港街抗爭必要元素

38. 政府以往在商業市場上的積極不干預政策，_____，行業自管似乎已經無法擺平各持份者的利益。

    A. 看來旅遊業已不能公平競爭
    B. 看來對以往的旅遊業已起不了作用
    C. 看來已防礙旅遊業發展
    D. 看來已經不適用於現今的旅遊業

39. 這間百年老店由第三代接手後，新店主嘗試獨闢蹊徑，_____吸引顧客。

    A. 承繼傳統，保存獨特的古法烹調
    B. 沿用傳統的經營手法，以良心店舖的形象
    C. 把零食重新包裝，期望以新面目
    D. 依舊減價速銷，以低價

40. 我們不會盲從別人的意見，經過仔細的分析，老師確實給予我們有用的建議，但你仍是剛愎自用，＿＿＿＿＿＿？

A. 為何要走一條錯誤的道路

B. 難道你已經知道這建議不適合我們

C. 你早已知道老師的心意

D. 其他同學會效法嗎

選出下列句子的正確排列次序。

41. 1. 加重商人的經營成本

2. 180天退貨保障原意甚佳

3. 180天退貨保障被利用

4. 180天退貨保障就如無條件租用貨品

5. 希望重振香港「購物天堂」的美譽

A. 2-4-3-5-1

B. 2-5-3-4-1

C. 2-3-4-1-5

D. 2-4-1-3-5

42. 1. 就是說，我們要把一個政治上受壓迫、經濟上受剝削的中國

2. 在這個新社會和新國家中，不但有新政治、新經濟，而且有新文化

3. 而且要把一個被舊文化統治因而變得愚昧落後的中國

4. 變為一個政治上自由和經濟上繁榮的中國

5. 變為一個被新文化統治因而文明先進的中國

A. 2-5-4-3-1

B. 1-5-3-4-2

C. 1-4-3-5-2

D. 2-1-4-3-5

43. 1. 民主化的第一波頭一般認為是美國獨立戰爭及法國大革命

2. 最起初的階段是由菁英階層領導，透過大規模的宣傳手法引起群眾關注

3. 民主運動主要是透過動員群眾來達成，一個大眾社會的形成與群眾運動 有不可分的關係

4. 群眾動員是策動社會大眾參與、達成某類政治目的

5. 而法國革命可說是近代動員群眾參與政治事件的先聲

A. 2-1-4-3-5

B. 3-4-2-1-5

C. 4-2-3-5-1

D. 2-1-5-4-3

44. 1. 也不應虐待

2. 可嘗試領養

3. 不應棄養

4. 由今天開始愛護動物

5. 更不應殺害

A. 3-4-2-5-1

B. 4-3-2-5-1

C. 4-2-3-1-5

D. 2-4-3-1-5

45. 1. 交際能力在職場上是不可或缺的

2. 把握機會與朋輩互動、鍛鍊IQ和學習溝通技巧

3. 若想孩子日後在職場成功

4. 講求與同事相處的能力

5. 就要從幼稚園開始

A. 3-1-5-4-2

B. 1-3-5-2-4

C. 3-5-4-1-2

D. 1-4-3-5-2

模擬測驗二：答案與解説

（一）閱讀理解

I. 文章閱讀

1. B　解説：第一段中説母親41歳時才生下我。

2. D　解説：從母親的出身點出母親為甚麼能如此刻苦。

3. C　解説：父親在我3歳時離世，母親生下我後因難產而休克。

4. B　解説：第五段指出她即使再忙，也會將家中打掃得乾乾淨淨。

5. A　解説：第六段「哥哥似乎沒有同我玩耍過。有時候，他去讀書；有時候，他去學徒；有時候，他也去賣花生或櫻桃之類的小東西。」

6. B　解説：「當姑母死去的時候，母親似乎把一世的委屈都哭了出來，一直哭到墳地。不知道哪來的一位侄子，聲稱有承繼權，母親便一聲不響，教他搬走那些破桌子爛板凳，而且把姑母養的一隻肥母雞也送給他。」姑母跟我一家住在一起，母親亦常受她的氣，但她卻沒有因此而要佔著姑母的財產。

7. C　解説：最後一段説「皇上跑了，丈夫死了，鬼子來了，滿城是血光火焰，可是母親不怕，她要在刺刀下，饑荒中，保護著兒女。」可見母親並不軟弱，她積極保護兒女。

8. B　解説：在文中最後一段作者説：「在作人上，我有一定的宗旨與基本的法則，什麼事都可將就，而不能超過自己劃好的界限。」

II. 片段／ 語段閱讀

9. A　解説：從研究反映男性説故事有較多正面影響，故答案為A。

10. B　解説：文章先指出傳統治療的不足之處，後文指出新技術有何好處，故B是正確。

11. D　解説：文章分析「人格面具」對個人與社會有什麼好處與壞處，故只有D是答案。

12. D　解説：文章均提及A、B與C的內容，但那三項是減稅帶來的好處，以達至更多人願意生育下一代(即是D)。

13. A　解説：全文的重心是指出中西區為舊區，但沒有受重建的影響，究其原因是其地勢較高，故A是正確的。

14. C　解説：文末的結論與C的內容相近。

（二）字詞辨識

15. B　正確：A不脛而走；C墨守成規；D寥寥無幾

16. A　正確：B應對 ；C正途 ；D斯人

17. D　正確：A造詣；B商場；C腦筋

18. C　正確：A清澈；B響起；D藉着

19. C　正確：艦只。解説：「隻」是近音簡化字。

20. A　正確：壓。解説：形近混淆，「厭」的簡化字為「厌」。

21. D　正確：曉。

22. B　正確：丝毫无损。解説：誤用日本漢字。

（三）句子辨識

23. B　解説：A惡性西化：刪去「把」，改為「李小龍怎樣對付奸人堅？」C成份殘缺： 刪去「使」字，讓「我」成主語。D語序不當：改為「<u>新出土的4000年前甲骨文</u>」。

24. D　解説：A詞性誤用：改為「這是不言而喻。」B成分多餘：刪去「彷彿」或「像是」。C邏輯謬誤：「發現」了又怎會有「乍現 」的情況？

25. B　解説：A搭配不當：改為「產品銷售量不斷<u>增加</u>」。C成份多餘：刪去「開心」或「愉快」。D成份殘缺：在「回憶」後加上「起」。

26. A　解説：B 錯用關聯詞：改為「不論是<u>成年人或小朋友</u>」。C搭配不當：「營造」不可與「自信氛圍」搭配。D惡性西化：濫用「被」，改為「製作煙花的人<u>稱</u>為花火師」。

27. C　解説：A成份多餘：刪去「離巢」或「離開無線」。B多重否定：

一是用切忌下水，一是用不要下水。D成份殘缺：欠主語，刪去「在」。

28. A 解說：B自相矛盾：「迅速」與「慢慢」矛盾。C 惡性西化：濫用「最」，改為「都是香港的好演員」。D概念分類不當：「新生」與「女學生」並列。

29. B 解說：A自相矛盾：「沉迷電子產品一定可能加深近視和損害眼睛結構」，必然還是有機會導致此問題？C概念分類不當：「拉弦聲部有高胡、二胡與樂器」，把母類與子類並列。D循環論證：因果都要「受歡迎」與「得人愛戴」。

30. B 解說：A自相矛盾：既然全校師生均已到齊，為何還欠一人呢？C概念分類不當：魚類是生物的一種，故不用特地強調魚類。D句式雜糅：兩句本為因果關係，但後句卻沒有承接前面之因果，反而從頭說起。

（四）詞句運用

31. C 解說：A、D兩個答案，因後面沒有相應關聯詞，故不可能是答案，「可是」有轉折的意義在內，但前文後理都沒有表示轉折語氣，故此只有C適用。

32. D 解說：「大有來頭」是指人有背景或資歷。

33. C 解說：「啟發」具誘導開發，使其領悟通曉之意。想像力只與「訓練」搭配。

34. B 解說：「獨一無二」喻為最突出或極少見，沒可比或相同的。

35. A 解說：「偶或」與「偶爾」看似近意，但「偶或」具有「不確定」之意，故與句意並不配合。

36. B 解說：B能引申「墨守成規」的意思，而且與「時代」互相呼應。

37. A 解說：只有A能與「和平非暴力」此句搭配，那行為是「特色」，而非「傳統」、「情況」或「元素」。

38. D 解說：A至C的答案能與前句搭配，但未能延續後句的意思。

39. C 解說：A、B與D均有承續之意，與「獨闢蹊徑」相反，故屬錯誤。

40. A 解說：只有A與「剛愎自用」的意思搭配。

41. B 　42. D 　　43. B 　　44. C 　　45. D

模擬測驗 三
限時四十五分鐘

（一）閱讀理解

I. 文章閱讀（8題）

《論快樂》(節錄) 錢鍾書

「永遠快樂」這句話，不但渺茫得不能實現，並且荒謬得不能成立。快過的決不會永久；我們說永遠快樂，正好像說四方的圓形。靜止的動作同樣地自相矛盾。在高興的時候，我們的生命加添了迅速，增進了油滑。像浮士德那樣，我們空對瞬息即逝的時間喊著說：「逗留一會兒罷！你太美了！」那有什麼用？你要永久，你該向痛苦裏去找。不講別的，只要一個失眠的晚上，或者有約不來的下午，或者一課沉悶的聽講——這許多，比一切宗教信仰更有效力，能使你嘗到什麼叫做「永生」的滋味。人生的刺，就在這裏，留戀著不肯快走的，偏是你所不留戀的東西。

快樂在人生裏，好比引誘小孩子吃藥的方糖，更像跑狗場裏引誘狗賽跑的電兔子。幾分鐘或者幾天的快樂賺我們活了一世，忍受著許多痛苦。我們希望它來，希望它留，希望它再來——這三句話概括了整個人類努力的歷史。在我們追求和等候的時候，生命又不知不覺地偷度過去。也許我們只是時間消費的籌碼，活了一世不過是為那一世的歲月充當殉葬品，根本不會享到快樂。

但是我們到死也不明白是上了當，我們還理想死後有個天堂，在那裏──謝上帝，也有這一天！我們終於享受到永遠的快樂。你看，快樂的引誘，不僅像電兔子和方糖，使我們忍受了人生，而且仿佛釣鉤上的魚餌，竟使我們甘心去死。這樣說來，人生雖痛苦，卻不悲觀，因為它終抱著快樂的希望；現在的賬，我們預支了將來去付。為了快活，我們甚至於願意慢死。

穆勒曾把「痛苦的蘇格拉底」和「快樂的豬」比較。假使豬真知道快活，那末豬和蘇格拉底也相去無幾了。豬是否能快樂得像人，我們不知道；但是人會容易滿足得像豬，我們是常看見的。把快樂分肉體的和精神的兩種，這是最糊塗的分析。一切快樂的享受都屬於精神的，儘管快樂的原因是肉體上的物質刺激。小孩子初生下來，吃飽了奶就乖乖的睡，並不知道什麼是快活，雖然它身體感覺舒服。緣故是小孩子的精神和肉體還沒有分化，只是混沌的星雲狀態。洗一個澡，看一朵花，吃一頓飯，假使你覺得快活，並非全因為澡洗得乾淨，花開得好，或者菜合你口味，主要因為你心上沒有掛礙，輕鬆的靈魂可以專注肉體的感覺，來欣賞，來審定。要是你精神不痛快，像將離別時的筵席，隨它怎樣烹調得好，吃來只是土氣息、泥滋味。那時刻的靈魂，仿佛害病的眼怕見陽光，撕去皮的傷口怕接觸空氣，雖然空氣和

陽光都是好東西。快樂時的你，一定心無愧怍。假如你犯罪而真覺快樂，你那時候一定和有道德、有修養的人同樣心安理得。有最潔白的良心，跟全沒有良心或有最漆黑的良心，效果是相等的。

1. 何以作者在文章開首就點明永遠快樂是「不但渺茫得不能實現，並且荒謬得不能成立」？此句有何作用？

   A. 表明真相，帶出自己的立場，再闡述「快樂」是不可能存在。

   B. 開門見山，表達自己的看法，然後分析「快樂」的真正本質。

   C. 展示問題，先引起讀者注意，再討論「快樂」根本不存在。

   D. 先破後立，打破傳統的想法，然後展示「快樂」究竟是什麼。

2. 以下那一句不是第一段所表達的意思？

   A. 「永遠快樂」這句話不能實現。

   B. 快樂從來都是短暫的

   C. 聽課沉悶得像永久的苦難

   D. 人生最諷刺的是想留的留不到，不想留下的卻不會走。

3. 第二段為什麼作者說「也許我們只是時間消費的籌碼，活了一世不過是為那一世的歲月充當殉葬品，根本不會想到快樂。」

A.因為快樂只會在天堂才有。

B.因為人們追求和等候快樂時，生命已慢慢消逝。

C.因為太忙碌根本不會有快樂。

D.因為快樂讓人甘心去死。

4. 根據第一、二段，作者認為「快樂」是怎樣的？以下哪一項是錯誤？

A. 快樂是糖衣毒藥，令人錯覺以為自己真的快樂。

B. 快樂與痛苦是並存，要快樂，就要忍受痛苦。

C. 要尋找快樂，先要進入痛苦內。

D. 快樂可以令我們對生存抱有希望。

5. 作者藉比較穆勒的「痛苦的蘇格拉底」和「快樂的豬」，表達何種意思？

A. 有智慧的才會痛苦，沒有智慧的就會快樂。

B. 寧靜做豬，可以得到快樂，不願做智者，只會活在痛苦中。

C. 分肉體與精神的快樂兩種，兩者得以滿足，才是真正的快樂。

D. 真正的快樂是精神上得到快樂，而非肉體上。

6. 根據最後一段內容，以下哪句最近乎文意？

A. 有良心和沒良心的人是一樣的。

B. 只要精神痛快了，心無窒礙，才會真正快樂。

C. 肉體的快樂和精神的快樂，最終都會歸於沉寂。

D. 這世界有三種良心，每一種都是獨特的。

7. 文末指出：「假如你犯罪而真覺快樂，你那時候一定和有道德、有修養的人同樣心安理得。有最潔白的良心，跟全沒有良心或有最漆黑的良心，效果是相等的。」作者的用意是：

A. 為了表示人犯罪或沒有良知，一樣可以獲得快樂。

B. 為了認同人「無愧」就會有真正的快樂。

C. 為了說明快樂與良知是沒有直接的關係。

D. 為了確立「無愧」的論點，只要心中無愧疚，就會得到快樂。

8. 作者藉「論快樂」為了討論什麼？

A. 人不能只有肉體上的快樂，而且要有精神上的快樂，這才是快樂的真諦。

B. 人追求快樂，同時會陷於痛苦，如要永遠快樂，人就活於無間的痛苦之中。

C. 快樂與心態是相輔相成，縱然沒有永恆的快樂，但在我們的生命內不可或缺。

D. 快樂與良知是相反相成，不願犧牲一方，就不會得到另一方。

II. 片段/ 語段閱讀（6題）

閱讀文章，根據題目要求選出正確的答案。

9. 公職人員有沒有個人身分這回事，已經不用再去議論，因為環球時報已經解答了，2005年6月6日環球時報對日本首相小泉純一郎以個人身分參拜靖國神社一事，發表了《「個人身份」難掩耳目》的文章，當中特別指出「在任何國家，任何時代，任何個人，只要他擔當了國家要職，他的公眾面貌就不再是個人，他的社會文化政治動作就決無個人名義可言。」有趣的是，不論是特首本人，還是他的管治班子，看來都沒有好好聽從上級的訓示，而以「個人身分」去簽名支持某些政治運動。

關於這段文字，重在說明？
A. 擔任國家職務後，不能再以個人身分參與任何活動。
B. 成為公職人員後，不能有個人立場。
C. 小泉純一郎不應以個人身分參拜靖國神社。
D. 公職人員不應以個人身分參加政治運動。

10. 香港環境狹窄，沒有空曠的地方，但天生樂觀的文達認為
香港是最適合玩花式滑板的地方。外國地方較大，可以
任意滑行，但同時會失去了樂趣與挑戰。每個城市有不同
的建築物與設施，玩滑板可以根據地方有不同的設計而滑
行。文達指出香港本來甚多局限，街道狹窄，連公園也多
設施，他人認為是障礙物，但在文達眼中反而覺得具挑
戰，滑板可以沿樓梯而下，又可以跳上長櫈，善用環境特
別之處，以創更多玩法。

根據這段話，以下說法正確的是：
A. 玩花式滑板可以激發潛能。
B. 香港的特殊環境反能激發創意。
C. 香港環境比外地特殊。
D. 花式滑板必須要具挑戰性。

11. 老年人飽經世變，與人無爭，只希望平平安安的有盌飯
　　吃，就心滿意足，所以在這時節送上飯盌一對，實在等於
　　是善頌善禱，努力加飡飯，適合國情之至。敬老尊賢四個
　　字是常連用的，其實老未必皆賢，老而不死者比比皆是，
　　賢亦未必皆老，不幸短命死矣的人亦實繁有徒，唯有老而且
　　賢，賢而且老，才真值得受人尊敬。這種事，大家都寧願睜
　　一眼閉一眼，不欲苦追求。百齡人瑞，年年有人拜訪，叩問
　　的大率是養生之術，不及其他。可以說是純敬老。

　　根據這段話，作者的看法是：
　　A. 老年人必須要懂得養生的方法。
　　B. 老人必定是賢者，我們要尊敬他們。
　　C. 最可敬的老人必須是賢者。
　　D. 大家都追求長命百歲。

12. 日本現行的免稅政策規定，遊客每日在同一間商店購買工藝品、家電、服裝等一般商品的金額超過一萬日圓以上可退稅。日本執政自民黨稅制調查會計劃放寬針對訪日外國人的消費稅免稅政策，將原本買滿一萬日圓以上才能退稅的限制，放寬為買滿五千日圓即可，希望通過振興旅遊業，刺激消費。另外，退稅涵蓋範圍亦會從高價品擴大到工藝品等小額商品，預算會寫入日本執政黨明年稅制修訂大綱。有零售及旅遊業界指，新政策除刺激港人遊日的購物意欲、吸引更多內地客訪日外，更憂慮港人會在日本盡情消費後，減少在港消費，變相打擊本地的消費市場，促請當局盡快「出招」，協助業界度過寒冬。

與這段文字帶出的訊息不相符的一項是：

A. 日本新的免稅政策對香港本地的消費市場有積極的推動作用。

B. 日本新的免稅政策將會受到訪日外國人的歡迎。

C. 日本的消費免稅制度會對本港的消費市場有所影響。

D. 日本新的免稅政策比現行的免稅政策更優惠遊客。

13. 1968年，他在一項研究中發現，相對於那些沒有名氣的研究者，聲名顯赫的科學家，通常會容易更上一層樓，贏得更多的聲望，即使兩者的成就相近。他指學術界的運作就是產生如此不公平的現象：對於那些聲名顯赫的科學家，往往會錦上添花，給予更多的榮譽和肯定；但相反，對於那些寂寂無名的研究者，卻很易對他們的努力和成績，視而不見，遑論雪中送炭。

根據上述選段，其主旨是：
A. 凡事起頭最難。
B. 學術界也不是絕對公平。
C. 出身顯赫的人更易成功。
D. 出身平凡的人易被人忽視。

14. 台灣1月份失業率3.91%與上個月持平，仍維持在8年來低檔水位，但除了建造業外，廠商對未來半年看法轉為樂觀。主計處25日公佈1月份失業率為3.91%，高學歷、年輕者失業率較高；就僱用端來看，台經院產業氣候檢測點調查顯示，廠商對未來6個月看法樂觀比重增加，台經院專家也認為下半年景氣較好。主計總處25日公布1月失業率3.91%，較上月持平。1月就業人數1124.4萬人，較上月增加2000人或0.02%，為99年以來同月最低，受景氣低緩影響，就業動能趨緩。

根據這段話，以下說法正確的是：
A. 台灣的失業情況令人擔憂。
B. 台灣的失業情況與香港相近。
C. 台灣的大學生可能成為失業者。
D. 台灣的失業率不斷上升。

（二）字詞辨識（8題）

15. 選出沒有錯別字的句子。

   A. 夏天時，街道由一片翠綠取代了櫻花，莊嚴靜謐的氣息瞬間添了一份活力。

   B. 很多主人以為用毛巾純綷是吸走寵物毛上的水份，大多忽略了抹走牠們皮膚上的水。

   C. 基因改造食物一直被受爭議，對人類是福是禍，沒人知曉。

   D. 踩單車為重復動作，須反覆使用大腿肌肉，而張先生的症狀，反映他已患上髂脛束摩擦症候群。

16. 選出沒有錯別字的句子。

   A. 梵谷畫了麥田，預示着自己的死亡；《紅樓夢》的林黛玉葬花，也是預示着自己會香消玉殞。

   B. 兩位愛好時裝的學生嘗試以精品網店形式經營網上時裝店，售賣灸手可熱的歐美服飾。

   C. 這是他的苦心孤旨，我們又豈敢辜負呢！

   D. 那位工匠是典型的香港人，抱着堅持、不屈不朽的精神，完成了創舉。

17. 選出沒有錯別字的句子。

    A. 如果你感到口喝，請到雪櫃拿汽水。

    B. 失敗了不打緊，要好好反醒錯誤，才能成功。

    C. 政府花費不少公帑於教育開支上，以培育人才。

    D. 他心思慎密，善於分釋。

18. 選出沒有錯別字的句子。

    A. 不少年輕人希望以逸代勞，故只愛做一些兼職工作。

    B. 多小年過去，校園環境沒有任何改變。

    C. 公司去年盈利合符分析員的預測。

    D. 大家都把衝突的矛頭指向學生。

19. 請選出下面簡化字錯誤對應繁體字的選項。

    A. 芦→蘆

    B. 剧→劇

    C. 系→繫

    D. 么→麼

20. 請選出下面簡化字錯誤對應繁體字的選項。

    A. 一团和气→一團和氣

    B. 与民同楽→與民同樂

    C. 招谣过市→招謠過市

    D. 隐隐作痛→隱隱作痛

21. 請選出下面簡化字錯誤對應繁體字的選項。

    A. 钱币→錢幣

    B. 争辉→爭輝

    C. 劝验→勘驗

    D. 盘点→盤點

22. 請選出下面繁體字錯誤對應簡化字的選項。

    A. 麗 →丽

    B. 寶 →宝

    C. 褲 →裤

    D. 肅 →肃

（三）句子辨識（8題）

選出沒有語病的句子。

23. A. 畢業後，他帶着所有家當，開着小車，路過沙漠，開足四天三夜才到達目的地。

    B. 登機時，座艙長會以廣播提醒乘客該航班是全程禁煙，廁所門旁也貼有禁煙標誌，可是仍有乘客以身試法，偷偷在廁所內吸煙。

    C. 近兩年前，內地開始興起電子紅包，用戶可透過微信，把紅包傳送到朋友的帳號，既方便，又環保。

    D. 我在台北青年旅舍發現由三個熱愛本土文化的青年一起經營，他們希望把當地的人情味貫注於酒店，讓外地遊客都感受得到。

24. A. 美味的和菓子是京都的一部份，結合了味覺與視覺的享受，也蘊藏了細緻的工夫。

    B. 學校鼓勵遊戲與探索，提高孩子的學習動機，並從群體生活中掌握人際相處的技巧。

    C. 代糖是沒有糖分，也不會令人致肥，但仍可能令身體在進食其他食物時吸收更多糖，適得其反。

    D. 他在2003年於南丫島開設小店，店內大約九成左右家具是拾回來，或是朋友送贈的，可説是循環再用。

25. A. 因為香港向內地購買東江水，所以食水供應充足。

    B. 由現在起至2017年香港藝術館休館，以進行翻新工程。

    C. 消防員英勇的精神，常常在我腦海中浮現。

    D. 老師親切地走過來，向我說聲你好。

26. A. 八仙嶺山火奪去了幾名教師和學生的生命。

    B. 他志願成為醫生。

    C. 警方表示有信心掃除軟性毒品的禍害和影響。

    D. 為了達到目的，不惜任何手段。

27. A. 校方保證成績優異的學生，一定獲得直升母校的中學部，如果成績優異但未能直升母校，便會保送至其他聯網的中學。

    B. 古時的日本與中國地理位置相近，深受中華文化影響，雖然經歷多年的洗禮，文化已全部消失得無影無蹤，飲食文化卻保留下來。

    C. 開心的氣味是怎麼樣？薰衣草的香味？抑或是壇香的氣味？有說五感之中，氣味最容易勾起人的回憶，所以我們的回憶均是充滿香味，也是愉快的。

    D. 市集內出售的食材大多由小型農場直接運送，全部標明產地來源，而小食更是以優質本地食材鮮製，有品質保證。

28. A. 乘客不得飲食，違者會被罰款金錢五千元。

    B. 學校今年投放了很多資源與金錢在中文系的研究項目上。

    C. 飛機穿過了雷雨雲後，機窗外出現了一道環狀彩虹。

    D. 小櫻與小狼各方面都很相似，真的很匹配，可惜他們的性格是大相逕庭。

29. A. 情人節前夕，他用盡心思地選購禮物，希望能贏取心儀已久的女孩的歡心。

    B. 長春海棠與一般夾竹桃科植物不同，毒性不高，只要不進食就不會中毒，目前尚未有因進食長春海棠而中毒的個案。

    C. 地球資源有限，過度開發導致環境問題，這值得我們關懷，與此同時，社會愈來愈現代化，我們也愈來愈追求物質享受，於是精神就失落了。

    D. 然而，在香港土生土長的女設計師卻更進一步，早於24年前已有嶄新的設計概念，把環保的意念融入產品。

30. A. 日本建築大師愛以混凝土作為建築設計材料，水泥植物共融的不可能性， 變成了可能。

    B. 日出時份，拉開窗簾，遠眺遠處的風景，才發現酒店後是一片綠油油的草原，煞是好看。

    C. 東京急行電鐵是日本的大企業私鐵之一，一般官方簡稱東急電鐵為「東急」，主要營運來往東京都與神奈川縣西南部的鐵路線。

    D. 逾六百年歷史的衙前圍村又稱慶有餘村，是香港現時唯一一條位於市區的圍村，原居民以姓吳、李、陳為主，歷史堪稱最悠久。

（四）詞句運用（15題）

31. 在夏天，我眼看見_____的光景。那些團扇大的葉片。長得密密層層。望去不留一線空隙，好像一個大綠帽，又好像圖案畫中的一座青山，在我所常見的庭院植物中，葉子之大，除了芭蕉以外，_____無過於梧桐了。

    A. 綠葉成蔭、恐怕

    B. 密密麻麻、只怕

    C. 繁茂像傘、看來

    D. 秀而繁蔭、只有

32. ＿＿＿＿使人退步；＿＿＿＿使人進步。

A. 吳下阿蒙、囊螢影雪

B. 吳下阿蒙、虛懷若谷

C. 夜郎自大、囊螢影雪

D. 夜郎自大、虛懷若谷

33. 地球的暖化問題日益嚴峻，政府呼籲教育團體推行環保教學，學童從小要懂得愛護大自然，可惜政府＿＿＿＿＿＿＿，並沒有相應的措施或法例，未能令市民做到源頭減廢，響應綠色生活。

A. 聚蚊成雷

B. 憑河暴虎

C. 葉公好龍

D. 北叟失馬

34. 學潛水單是勇氣加＿＿＿＿＿是不夠的，更重要是下水前要留心上堂，聆聽導師＿＿＿＿＿要點。

A. 冒險精神、解釋

B. 冒險精神、講解

C. 探險精神、講解

D. 探險精神、解釋

35. 粵語是非常優秀的語言，更繼承了數千年的華夏文化，此等古雅之言實在是＿＿＿＿＿＿，不要看輕粵語，更不應＿＿＿＿＿＿。

    A. 無可置疑、卑以自牧
    B. 無可匹敵、自暴自棄
    C. 無可比擬、升高自下
    D. 無可取代、妄自菲薄

36. ＿＿＿＿＿＿。北京的白菜運往浙江，便用紅頭繩繫住菜根，倒掛在水果店，尊為「膠菜」；福建野生着的蘆薈，一到北京竟請進溫室，且美其名曰「龍舌蘭」。

    A. 相信是促銷的手法
    B. 可能是崇洋的心態
    C. 估計源於貪慕虛榮
    D. 大概是物以稀為貴

37. 一次偶然在報章看到一個越野跑步賽的廣告，＿＿＿＿＿＿，當晚便立刻上網報名。

    A. 覺得有趣又難得
    B. 覺得有趣又具挑戰性
    C. 覺得健康又新奇
    D. 覺得健康又難得

38. 入夜，建築物和街道徐徐亮起燈光，_____，與日間的感覺截然不同。

   A. 上海頓時「成長」起來
   B. 上海頓時「活潑」起來
   C. 上海頓時「變臉」
   D. 上海頓時「大耀進」

39. 當初不理父母的反對，與朋友的勸告，你堅持要去韓國讀書，現在竟然嚷着要回港！儘管_____，你要堅持下去，完成學業，才回來發展吧！

   A. 生活是快樂或是悲哀
   B. 生活有任何艱難
   C. 人生無常
   D. 遇上學業問題或是經濟困難

40. 他果然是公司的老臣子，舉辦今次大型的業界展覽，簡直可以説是白玉無瑕，_____。

   A. 只可惜展覽時間太短
   B. 為公司出一分力
   C. 唯一的缺點是資源有限
   D. 也可以加添多些色彩

41. 1. 謠言是社會民主化和自由化程度低的產物，是一種人際傳播

    2. 在一般的社會裡，人民群眾獲得消息的管道是多種多樣的

    3. 大眾傳播媒介是一條重要的管道

    4. 而大眾傳播媒介的堵塞往往是由於社會民主化自由化程度較低引起的

    5. 當這一管道被堵塞時，其他管道就可能出現繁忙狀態

    A. 1-2-3-5-4
    B. 3-4-2-1-5
    C. 4-2-3-5-1
    D. 1-3-2-5-4

42. 1. 馬達加斯加約在8800萬年前從印度板塊分裂

    2. 大量珍貴原生動物在較少干預的環境下繁衍

    3. 長期與其他大陸地區隔離

    4. 因此生物多樣性和獨特性都是世界有名

    5. 自成一島

    A. 1-2-4-3-5
    B. 1-5-3-2-4
    C. 2-1-5-3-4
    D. 2-5-1-4-3

43. 1. 北上滑雪或南下享受外地陽光旅程
    2. 不少瑞典人都會在聖誕新年期間放大假
    3. 留在國內的就跟家人相聚
    4. 假期間的商店大減價也具吸引力
    5. 平日小貓三四隻的高級百貨公司都人頭湧湧

    A. 2-3-4-1-5
    B. 2-5-1-3-4
    C. 2-1-3-4-5
    D. 2-4-5-1-3

44. 1. 皆以閱歷之淺深
    2. 中年讀書，如庭中望月
    3. 少年讀書，如隙中窺月
    4. 為所得之淺深
    5. 老年讀書，如台上玩月

    A. 4-3-2-5-1
    B. 5-2-3-5-1
    C. 3-2-5-1-4
    D. 1-5-2-3-4

45. 1. 而色之深淺濃淡

    2. 其式之高低大小

    3. 又須與花相反

    4. 養花膽瓶

    5. 須與花相稱

    A. 4-5-1-2-3

    B. 2-5-3-4-1

    C. 4-2-5-1-3

    D. 2-3-4-1-5

模擬測驗三——答案與解說

（一）閱讀理解

I. 文章閱讀

1. B 　解説：作者認為「永遠快樂」不會存在，故後文分析「快樂」的本質，「快樂」原來不用刻意追求。

2. C 　解説：文中只説「要永久，你該向痛苦裏去找。」雖以聽一堂沉悶的講課作例子，不是説聽課就沉悶。

3. B 　解説：作者於文中提到「在我們追求和等候的時候，生命又不知不覺地偷渡過去。」才會有那句感慨。只有B符合答案。

4. A 　解説：文中並沒有此意。

5. D 　解説：作者以此例為支持「一切快樂的享受都屬於精神的，儘管快樂的原因是肉體上的物質刺激」此論點。

6. B 　解説：作者舉了不同例子，為了説明「心上沒有掛礙，輕鬆的靈魂可以專注肉體的感覺，來欣賞，來審定。要是你精神不痛快，像將離別時的筵席，隨它怎樣烹調得好，吃來只是土氣息、泥滋味。」文末後的三種良心，及犯罪時的快樂例子，背後也是指真的快樂要與精神配合。

7. D 　解説：前文提及人心無掛礙才會得到真正的快樂，作者就以此話確立其論點，如果一個人沒有了良知，心中沒有任何內疚，也可以感到真正的快樂。

8. C 　解説：文章先確定快樂不會是永恆，有了快樂就有痛苦，最後表達要得到快樂就要精神上沒有任何掛礙，故作者肯定快樂是必須的。

II. 片段∕ 語段閱讀

9. D 文中說明公職人員在公眾面前並無個人名義，故不能以個人名義參與政治運動。

10. B 作者認為外國地方大，雖能任意滑行，但不具挑戰性

11. C 文中說「唯有老而且賢，賢而且老，才值得受人尊敬」

12. A 文中表明「怕外國人在日本盡情購物後，減少在港消費」。

13. B 文中指出名氣越大的科學家，得到越多讚賞和鼓勵。

14. C 文心說「受景氣低緩影響，就業動能趨緩」，就是說明經濟不景，就業率放慢。

（二）字詞辨識

15. A 正確：B 純粹；C 備受；D 重複

16. A 正確：B 炙手可熱；C 苦心孤詣 ；D 不屈不撓

17. C 正確：A口渴；B反省；D分析

18. D 正確：A以逸待勞；B多少；C合乎

19. D 正確：么。解說：誤把偏旁刪減。

20. B 正確：与民同乐。解說：誤用日本漢字。

21. C 正確：勘。解說：「勘」沒有簡化字。

22. A 正確：丽 (編輯：請用宋體)。解說： 誤用日本漢字，上面應是一劃而非兩劃。

（三）句子辨識

23. B 解說：A搭配不當：改為「越過沙漠」。C成分多餘：刪去「近」。D語序不當：改為「我在台北發現青年旅舍」。

24. C 解說：A搭配不當：「和菓子是京都的一部份」，意思是什麼？B成分殘缺：改為「學校鼓勵運用遊戲與探索」。D成分多餘：「刪去「大約」或「左右」。

25. A　解説：B成份殘缺：改為「香港藝術館由現在起……」。C搭配不當：改為「消防員英勇的<u>形象</u>」。D語序不當：改為「<u>親切地</u>向我說聲你好」。

26. A　解説：B詞性誤用：改為「他<u>希望</u>成為醫生」。C搭配不當：「掃除」不可配「軟性毒品的影響」。D成份殘缺：欠謂語，應在「不惜」後加上「採取」。

27. D　解説：A自相矛盾：即是不會確保「一定獲得直升母校的中學部」。B自相矛盾：既然「全部消失得無影無蹤」，又如何把「飲食文化保留下來」？C前提不當：「氣味最容易勾起人的回憶」為何結果是「我們的回憶均是充滿香味」？

28. C　解説：A 成份多餘，「罰款」已代表「罰錢」，不用再加金錢。B 概念分類不當：資源是包括金錢，總類與子類錯誤並列。D 前後矛盾：性格完全不同，又如何「各方面都很相似」？

29. B　解説：A 詞性誤用：改為「他用盡心思，選購禮物」。C搭配不當：改為「這值得我們<u>關注</u>」。D濫用關聯詞：改為「在香港土生土長的<u>女設計師更進一步</u>」。

30. D　解説：A惡性西化：濫用「性」，「不可能性」。B成分多餘：刪去「遠處的」。C語序不當：改為「官方<u>一般</u>簡稱」。

（四）詞句運用

31. A　解説：後文已提及密密層層，又用了綠帽作喻體，故此B，C不合用，而D則因「只有」不合文意。

32. D　解説：「夜郎自大」是指人不自量力，妄自尊大；「虛懷若谷」是指人謙虛，能接納他人的意見。

33. C　解説：「葉公好龍」喻為表裡不一。

34. B　解説：「冒險精神」指敢於在投機、賭博或其他靠運氣的事情中冒失敗或輸掉的風險的精神。「講解」指解説。

35. D　解説：「無可取代」把前後語意貫通，沒有其他語言可以取代其位。「妄自菲薄」意為過於自卑而不知自重。

36. D 北京土特產運往南方浙江出售，自然數量不多。

37. B 活動並非普通跑步活動，需攀山越嶺，故有挑戰性。

38. C 以變臉形容晚間的上海，因為同一色只是以不同「妝容」再現人前。

39. B 「儘管」有即使之意。當日排除萬難才能離國，不能因些許不如意使放棄。

40. A　41. A　42. B　43. D　44. C　45. C

PART IV 考生常見疑問

1. 什麼人符合申請資格？

   - 持有大學學位；
   - 現正就讀學士學位課程最後一年；或
   - 持有符合申請學位或專業程度公務員職位所需的專業資格。

2. 「綜合招聘考試」(CRE)跟「聯合招聘考試」(JRE)有何分別？

   在CRE中英文運用考試中取得「二級」成績後，可投考JRE，考試為AO、EO及勞工事務主任、貿易主任四職系的招聘而設。

3. CRE成績何時公佈？

   考試邀請信會於考前12天以電郵通知，成績會在試後1個月內郵寄到考生地址。

4. 報考CRE的費用是多少？

   不設收費。

5. 如果我在今年綜合招聘考試中不及格，我會否被
   禁止再次應考未來的綜合招聘考試？

   否。你可以在適當的申請期內，報考未來的綜合
   招聘考試。有關詳情，請瀏覽公務員事務局網頁
   （www.csb.gov.hk）。如需查詢有關綜合招聘考試
   事宜，你可聯絡公務員考試組 (電話：（852）2537
   6429 或電郵csbcseu@csb.gov.hk。)

6. 我在以前曾經應考綜合招聘考試。請問該試的成
   績是否仍然有效？

   於2006年12月及以後考獲的綜合招聘考試中文運用
   及英文運用試卷的二級及一級成績和能力傾向測試
   的及格成績永久有效。所有在2006年12月以前的綜
   合招聘考試成績已經無效。

7. 我將會應考International English Language Test-
   ing System (IELTS)。其結果會否被確認為等同
   所需要的綜合招聘考試成績？

   在IELTS學術模式整體分級取得6.5或以上，並在同
   一次考試中各項個別分級取得不低於6的成績的人
   士，在IELTS考試成績的兩年有效期內，其成績可
   獲接納為等同綜合招聘考試英文運用試卷的二級成
   績。IELTS考試成績必須在職位申請期內任何一日
   仍然有效。換言之，在2015/16年度的政務主任招聘
   中，任何由2013 年9 月19 日至2015 年10 月2 日期
   間所獲得，而又符合上述條件的IELTS成績，將被接
   納為等同所需綜合招聘考試的成績。

8. 如果我從政務主任、二級行政主任、二級助理貿易主任、二級管理參議主任及二級運輸主任職位中，申請了多於一個職位，我是否需要參加多次筆試？

否。如果你申請了多於一個職位，只要你符合所申請職位的入職條件，你只需要應考同一個招聘考試，即聯合招聘考試。

9. 請問申請多個不同職位的申請人，會否同時被邀請參加不同職位的面試？

如果申請人申請了多於一個職位，他／她有可能同時被邀請參加所申請職位的面試，這視乎他／她是否符合不同職位的入職條件和遴選準則。

10. 有沒有聘請本地／非本地申請人的「配額」？

沒有。正在海外就讀或居住的申請人，也是按照與本地申請人同一套的標準，以評核他們在面試時的表現。

看得喜 放不低

創出喜閱新思維

書名	投考公務員 題解EASY PASS 中文運用（第四版）
ISBN	978-988-74807-6-1
定價	HKD$128
出版日期	2022年2月
作者	袁穎音、黃樂怡、林皓賢、陳慧中
責任編輯	Mark Sir、麥少玲
版面設計	梁文俊
出版	文化會社有限公司
電郵	editor@culturecross.com
網址	www.culturecross.com
發行	聯合新零售（香港）有限公司
	地址：香港鰂魚涌英皇道1065號東達中心1304-06室
	電話：（852）2963 5300
	傳真：（852）2565 0919

網上購買 請登入以下網址：

一本 My Book One　　香港書城 Hong Kong Book City

🌐 (www.mybookone.com.hk)　🌐 (www.hkbookcity.com)